城市轨道交通职业教育系列教材——城市轨道交通运营管理

城市轨道交通智能系统

主　编○李朝阳　旷利平　黄艺娜
副主编○张晓艳　冯琳玲　李培锁
　　　　胡哨刚　王　玮　肖　毅
主　审○应夏晖　刘沛文

西南交通大学出版社
·成都·

图书在版编目（CIP）数据

城市轨道交通智能系统/李朝阳，旷利平，黄艺娜主编. —成都：西南交通大学出版社，2020.8（2025.8 重印）
城市轨道交通职业教育系列教材. 城市轨道交通运营管理
ISBN 978-7-5643-7541-6

Ⅰ.①城… Ⅱ.①李… ②旷… ③黄… Ⅲ.①城市铁路-智能系统-高等职业教育-教材 Ⅳ.①U239.5

中国版本图书馆 CIP 数据核字（2020）第 155803 号

城市轨道交通职业教育系列教材——城市轨道交通运营管理
Chengshi Guidao Jiaotong Zhineng Xitong
城市轨道交通智能系统
主编　李朝阳　旷利平　黄艺娜

责任编辑	李　伟
封面设计	何东琳设计工作室
出版发行	西南交通大学出版社 （四川省成都市金牛区二环路北一段 111 号 西南交通大学创新大厦 21 楼）
发行部电话	028-87600564　028-87600533
邮政编码	610031
网　　址	http://www.xnjdcbs.com
印　　刷	郫县犀浦印刷厂
成品尺寸	185 mm×260 mm
印　　张	11.5
字　　数	287 千
版　　次	2020 年 8 月第 1 版
印　　次	2025 年 8 月第 3 次（2025 修订）
书　　号	ISBN 978-7-5643-7541-6
定　　价	35.00 元

课件咨询电话：028-81435775
图书如有印装质量问题　本社负责退换
版权所有　盗版必究　举报电话：028-87600562

前　言

当今中国经济飞速发展，城市化进程不断加快，因此城市基础设施，特别是城市交通设施发展尤为重要。城市轨道交通主要包括地铁系统、轻轨系统、单轨系统、有轨电车、磁浮系统、自动导向轨道系统、市域快速轨道系统等运输制式，是城市公共交通的骨干，具有节能、省地、运量大、全天候、无污染（或少污染）和安全等特点，属绿色环保交通体系。综合、宏观和系统考核城市轨道交通的良性运营，主要依靠系统内部的人员、设备、环境和管理，其中设备的技术先进性占有重要的因素，它不但降低了人员的工作强度，而且提高了运营效率。

城市轨道交通智能系统是城市轨道交通企业正常运营的重要保证，是职业院校城市轨道交通运营管理类专业学生必须掌握的知识。本书主要讲授城市轨道交通智能系统的构成和运用，包括城市轨道交通智能系统基础知识、城市轨道交通自动控制系统、车站智能机电设备、列车智能驾驶系统和城市轨道交通智能系统运营管理等。

本书从职业教育实际出发，全面介绍了城市轨道交通智能系统的理论知识，不仅反映了城市轨道交通智能系统的发展变化，而且还介绍了城市轨道交通智能系统相关的岗位运用知识，从而使本书在强调知识性的同时，又突出了先进性、时效性和行业性。本书采用任务式编写体例，以城市轨道交通智能系统为主线，设置了5个项目，27个任务。此外，每个项目还从城市轨道交通运营管理类专业学生的实际接受能力出发，设计了案例分析，具有较强的可读性和应用性。

本书由湖南高速铁路职业技术学院李朝阳、旷利平和黄艺娜担任主编，湖南高速铁路职业技术学院张晓艳、冯琳玲、李培锁、胡哨刚、王玮、肖毅担任副主编，湖南高速铁路职业技术学院应夏晖和沈阳铁路监督管理局刘沛文担任主审。具体分工如下：项目一由旷利平编写，项目二由李朝阳和胡哨刚编写，项目三由张晓艳和王玮编写，项目四由黄艺娜编写，项目五由李培锁和冯琳玲编写，全书由肖毅负责校对和书稿整理。本书在编写过程中得到了广州地铁、哈尔滨地铁、杭州地铁、长沙地铁、无锡地铁和杭港地铁等众多城市轨道交通集团的大力支持,同时也得到了众多一线领导、专家的大力支持和悉心指导,另外编者还参考引用了大量的文献和资料,在此向他们表示衷心的感谢。

由于编者水平有限,书中难免存在不足和欠妥之处,衷心希望广大读者能够对本书的不当之处给予批评指正。

编 者

2020 年 1 月

目 录

项目一 城市轨道交通智能系统基础认知 1
　任务一 城市轨道交通基础知识认知 2
　任务二 城市轨道交通智能系统基础认知 12
　习 题 21

项目二 城市轨道交通自动控制系统认知 22
　任务一 城市轨道交通行车指挥系统认知 23
　任务二 城市轨道交通联锁设备认知 26
　任务三 城市轨道交通列控设备认知 31
　任务四 城市轨道交通调度系统认知 38
　习 题 43

项目三 城市轨道交通智能系统车站智能机电设备认知 44
　任务一 自动售检票系统认知 45
　任务二 乘客信息系统认知 52
　任务三 综合监控系统认知 54
　任务四 广播系统认知 62
　任务五 电扶梯系统认知 63
　任务六 站台屏蔽门系统认知 68
　任务七 通风与空调系统认知 77
　任务八 低压配电与照明系统认知 81
　任务九 给排水系统认知 84
　任务十 车站火灾防护与消防系统认知 87
　习 题 94

项目四 城市轨道交通智能系统列车智能驾驶系统认知 95
　任务一 列车操作相关知识认知 96
　任务二 司机交接班作业 104
　任务三 列车整备作业 108
　任务四 车辆段（场）作业 112
　任务五 正线运行及操作 116
　任务六 折返作业 124

任务七　非正常情况下的运行及操作 …………………………………… 131
　　任务八　故障条件下的运行及操作 …………………………………… 138
　　习　　题 …………………………………………………………………… 150

项目五　城市轨道交通智能系统运营管理认知 ………………………………… 151
　　任务一　城市轨道交通新线车站接管认知 …………………………… 152
　　任务二　城市轨道交通车站行车业务 ………………………………… 163
　　任务三　城市轨道交通车站综合管理 ………………………………… 171
　　习　　题 …………………………………………………………………… 176

参考文献 ……………………………………………………………………………… 177

项目一　城市轨道交通智能系统基础认知

一、项目描述

随着国家经济高速增长，城市化进程不断加快，交通拥堵等"城市病"日趋凸显，发展城市公共交通是解决交通问题的有效途径，而城市轨道交通作为城市公共交通的中坚力量，扮演着重要角色。城市轨道交通以其快捷、准时、舒适、安全等特点，可以解决城市日益增长的客运需求，为城市可持续性发展提供了良好的基础条件。本项目阐述了城市轨道交通和城市轨道交通智能系统基础知识。

二、教学目标

（一）知识目标

城市轨道交通的概念、特点及分类；我国城市轨道交通智能系统的发展概况；世界城市轨道交通发展的新趋势。

（二）技能目标

熟练分析城市轨道交通智能系统的特点和主体框架；通过了解城市轨道交通智能系统的发展，掌握新型城市轨道交通智能系统在我国的应用前景。

（三）素质目标

掌握城市轨道交通的基本概念及涵盖范围；能够分析城市轨道交通智能系统常见形式的特点。

（四）案例导入

2006年3月15日14时06分，某地铁三山街站上行区间发生列车无法正常牵引的严重晚点事故。14时06分，0506次车运行至三山街站上行站台停车开关门作业后，正常按ATO（列车自动运行）驾驶启动，启动后不久，列车发生冲动，随即自动停车，改用手动SM（监控人工）模式驾驶，列车只能以5 km/h的速度缓慢牵引。14时15分，故障列车到达张府园站，按规定开关门作业上下客后开出不久，列车产生紧急制动。手动SM模式驾驶时速度只能维持在 5 km/h 左右，故障现象仍然存在。14 时 26 分，故障列车到达新街口站，进行清客，该车退出运营。导致事故发生的原因主要是列车制动系统中的制动压力开关状态不稳定，在常用制动已经全部缓解的情况下，司机室得不到制动已缓解的信号，导致列车无法正常牵引。在事故处理过程中，列车在故障状态下仍然载客运行了两个区间，致使影响正线正常运营近 1 小时。这是一例典型的由于人员、设备等各方面综合因素造成的事故。

任务一　城市轨道交通基础知识认知

一、城市轨道交通的定义和制式

1. 定　义

城市轨道交通是采用轨道进行承重和导向的车辆运输系统，设置全封闭或部分封闭的专用轨道线路，具有车辆、线路、信号、车站、供电、控制中心和服务等设施，车辆以列车或单车形式，运送相当规模客流量的城市公共交通方式。

城市轨道交通是城市公共交通的骨干，具有节能、省地、运量大、全天候、无污染（或少污染）和安全等特点，属绿色环保交通体系，特别适合于大中城市。

2. 制　式

城市轨道交通包括地铁系统、轻轨系统、单轨系统、有轨电车、磁浮系统、自动导向轨道系统、市域快速轨道系统等（见图 1-1-1 ~ 图 1-1-4）。

图 1-1-1　国外知名地铁标志

图 1-1-2　地铁、轻轨和单轨

图 1-1-3　有轨电车、磁浮系统和自动导向轨道系统

图 1-1-4　旅客自动捷运系统（APM）和市域快速轨道系统

课后思考：（1）轻轨系统和单轨系统有什么区别？
　　　　　（2）自动导向轨道系统和 APM 有什么区别？

二、城市轨道交通的分类

1. 按轨道空间位置划分

城市轨道交通按轨道空间位置可分为三类（见图 1-1-5）。
（1）地下铁路：位于地下隧道内的那部分铁路。
（2）地面铁路：位于地面的铁路。
（3）高架铁路：位于地面之上高架桥上的铁路。

图 1-1-5　地下铁路、地面铁路和高架铁路

2. 按小时单向运能划分

城市轨道交通按小时单向运能可分为三类。
（1）大运量城市轨道交通系统：高峰小时单向运输能力达到 3.0 万人以上。属于这种类型的主要有重型地铁、轻型地铁及低速磁悬浮系统等。
（2）中运量城市轨道交通系统：高峰小时单向运输能力为 1.5 万～3.0 万人。属于这种类型的主要有微型地铁、高技术标准的轻轨和独轨铁路。

（3）低运量城市轨道交通系统：高峰小时单向运输能力为 0.5 万～1.5 万人。属于这种类型的主要有低技术标准的轻轨、自动导向交通系统和有轨电车。

城市轨道交通运量如图 1-1-6 所示。

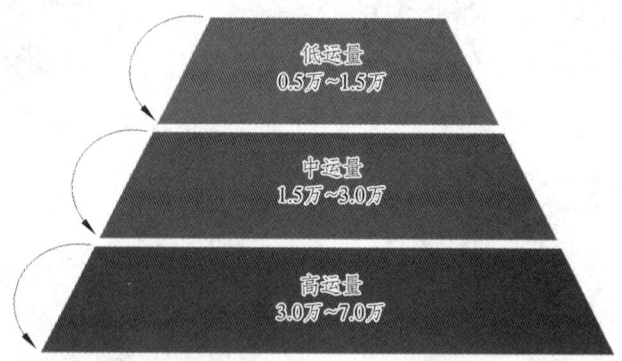

图 1-1-6　城市轨道交通运量

3. 按轨道形式划分

城市轨道交通按轨道形式可分为三类。

（1）重轨铁路：大重量运行的轨道列车。国家标准的区际铁路（含高速铁路、重载铁路）、城际铁路、市域铁路及城市轨道交通中的地铁等都属于重轨铁路。

（2）轻轨铁路：轻轨的车辆重量和载客量要比一般地铁小，轴重小于 13 t，因此叫作"轻轨"。

（3）单轨铁路：由架空的单根轨道构成的铁路。单轨铁路的主要结构是轨道梁，通常由钢或钢筋混凝土制成。单轨铁路车辆在轨道梁上运行，一般由铝合金制成，并由电动机驱动。

4. 按支承导向制划分

城市轨道交通按支承导向制可分为钢轮双轨系统、胶轮单轨系统和胶轮导轨系统。

5. 按路权专用程度划分

城市轨道交通按路权专用程度可分为线路全封闭型、线路半封闭型和线路不封闭型。

6. 按服务区域分类划分

城市轨道交通按服务区域可分为市郊铁路、市内铁路和区域快速铁路。

三、城市轨道交通公司

1. 国内城市轨道交通发展情况

截至 2019 年 12 月 31 日，全国开通轨道交通的城市有 46 个（内地 40 个），内地已开通城市轨道交通线路长度共计 6 730.27 km。其中，地铁 5 187.02 km，轻轨 255.40 km，单轨 98.50 km，市域快轨 715.61 km，现代有轨电车 405.64 km，磁浮交通 57.90 km，旅客自动捷运系统 10.20 km。我国港澳台地区已开通的城市轨道交通共有 6 个，分别是香港地铁、台北捷运、高雄捷运、桃园捷运、新北捷运和澳门轻轨。

2019年，我国内地新增了温州、济南、常州、兰州、徐州和呼和浩特6个城市轨道交通运营城市。图1-1-7~图1-1-19为我国各城市轨道交通徽标（Logo）。

图1-1-7　北京地铁、上海地铁、广州地铁和深圳地铁

图1-1-8　天津地铁、南京地铁和杭州地铁

图1-1-9　苏州地铁、无锡地铁和郑州地铁

图1-1-10　西安地铁、沈阳地铁、珠海轨道和成都地铁

图1-1-11　昆明地铁、长沙地铁和重庆轨道

图1-1-12　武汉地铁、长春轨道、大连轨道和厦门地铁

图 1-1-13 贵阳轨道、温州轨道和济南地铁

图 1-1-14 宁波轨道、常州地铁、徐州地铁和哈尔滨地铁

图 1-1-15 南宁轨道、兰州轨道、石家庄地铁和呼和浩特地铁

图 1-1-16 乌鲁木齐地铁、佛山地铁、南昌地铁和淮安地铁

图 1-1-17 青岛地铁、福州地铁、合肥轨道和东莞轨道

图 1-1-18 香港地铁、台北捷运和高雄捷运

图 1-1-19 桃园捷运、新北捷运和澳门轻轨

2. 国外城市轨道交通

1863 年,伦敦大都会地铁的运营标志着地铁的诞生,经过长时间的经验累积,国外地铁有着长足的发展,同时也带动了我国城市轨道交通的发展。图 1-1-20 为国外部分城市轨道交通徽标(Logo)。

图 1-1-20 国外部分城市轨道交通徽标

四、中国城市轨道交通系统先进技术

1. 中国首条采用有轨电车地面供电系统

珠海现代有轨电车 1 号线，运营里程为 8.917 km，共设 14 座车站，均为地面站，它使用的就是地面供电系统，如图 1-1-21 所示。传统的接触网供电模式虽然供电稳定、造价低廉，但非常影响城市美观，新型的供电方式尤其是地面供电技术很好地解决了此问题，它采用由地面预埋元器件向有轨电车供电的方式。

图 1-1-21　珠海现代有轨电车

2. 中国首条下穿长江的地铁线路

武汉地铁 2 号线全长 60.8 km，共设 38 座车站，全部是地下车站，列车采用 6 节编组 B 型列车。它是下穿长江的地铁线路，在积玉桥站和江汉路站之间直穿长江（见图 1-1-22），其中江汉路站是 2 号线和 6 号线的换乘站，整体施工难度极高。

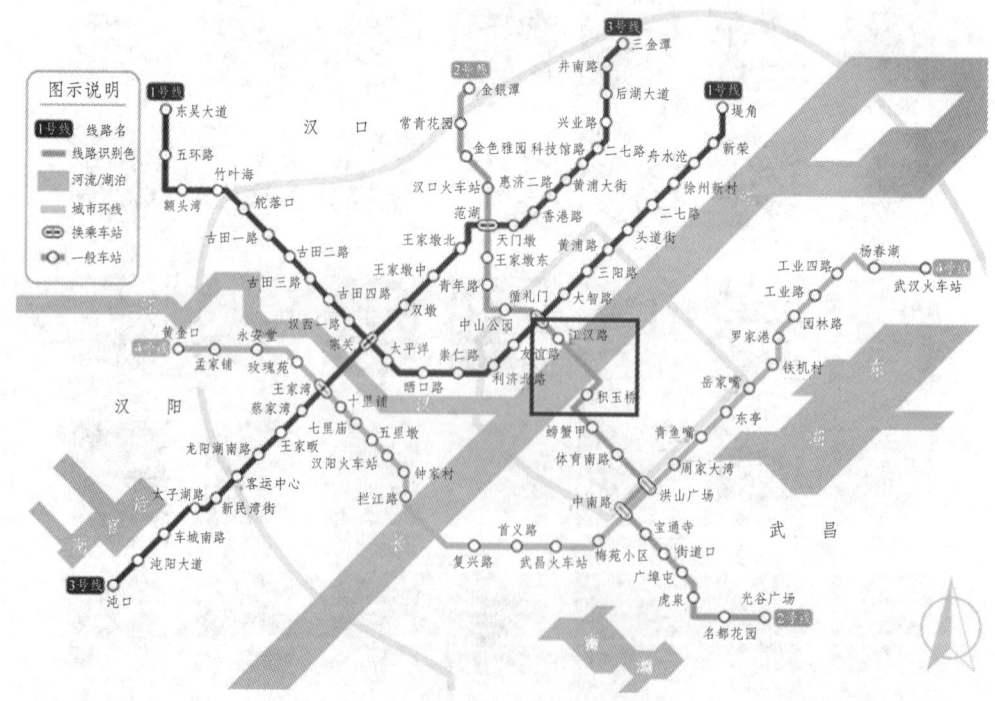

图 1-1-22　武汉地铁 2 号线横跨长江

3. 中国首条5G信号全覆盖地铁线路

北京地铁 16 号线呈南北走向，线路北起海淀区北安河站，南至海淀区西苑站，全长 19.6 km，全部为地下线；共设 10 座车站，全部为地下车站；列车采用 8 节编组 A 型列车。地铁线相较普通的固定场所更特殊，因为它空间小，并且一直在移动，手机在位置不停变换的过程中，信号的强度也会受到影响，而有了5G信号后，空间位置对用户的影响很小。

4. 中国首创运行速度140 km/h的地铁

成都地铁 18 号线一、二期工程北起武侯区火车南站，途经武侯区、成都高新技术产业开发区、天府新区，东南止于简阳市天府机场 1 号、2 号航站楼站，全长 66.83 km；共设 12 座车站，其中 10 座地下站、2 座地面站；列车采用 8 节编组 A 型列车（见图 1-1-23）。它实行"快慢车套跑"，列车的最高运行速度将达到 140 km/h。快车运行模式下，从火车南站到天府国际机场站中间只停 3 个站，全程用时可以控制在 40 min 左右；慢车运行模式下，12 个站都要停车上下客。

图 1-1-23　成都地铁 18 号线（最高运行速度 140 km/h）

5. 中国国内首条人脸识别地铁

济南轨道交通 1 号线起于工研院站，途经长清区、市中区、槐荫区，止于方特站，大致呈南北走向，全长 26.1 km，其中地下段 9.7 km、过渡段 0.2 km、高架段 16.2 km；共设置 11 座车站，其中地下站 4 座、高架站 7 座；采用 4 节编组 B 型列车。

各车站设有自动售票机，用于乘客自助购买地铁单程票、充值和查询。乘客可以用济南地铁 APP 进行购票，同时支持微信、支付宝支付购票，并支持二维码或人脸识别直接乘车（见图 1-1-24）。车站从出入口到站内设有无障碍电梯与导向标识，方便乘客进站乘车。

图 1-1-24　人脸识别进站

6. 中国首条市域铁路

温州轨道交通 S1 线起于桐岭站,途经瓯海区、鹿城区和龙湾区,贯穿瓯海中心区域、温州大道、龙湾瑶溪片区等,止于双瓯大道站,全长 53.5 km,设置 18 座车站,采用 4 节编组 D 型列车,为市域铁路编组,正常运营状况下单日最高客运量达 3.84 万人次(见图 1-1-25)。

图 1-1-25 温州轨道交通 S1 市域铁路线

7. 世界首条商用氢能源有轨电车

佛山市高明区有轨电车示范线起于中心城区沧江路站,沿中山路、荷富大道止于西江新城智湖站,线路长约 6.5 km,设车站 10 座,平均站间距约 640 m。此条线路采用以氢能源为动力的 100% 低地板、铰接式现代有轨电车,是城市轨道交通发展的重大创新(见图 1-1-26)。

图 1-1-26 佛山市高明区氢能源有轨电车

8. 世界首条互联互通地铁

重庆轨道交通 5 号线呈南北走向,北起渝北区园博中心站,途经鸳鸯、人和、冉家坝等重要人口聚居区,南止于江北区大石坝站,跨越两个行政区,运营里程为 16.42 km,采用地铁系统,共设车站 10 座,均为地下站。

该线路采用中国完全自主知识产权的 CBTC（基于无线通信的移动闭塞列车控制）信号系统，是全球首条实现城市轨道交通互联互通的地铁线路（见图 1-1-27）。该 FZL300 型 CBTC 互联互通信号系统是在成熟的高铁列控技术标准基础上，中国自主研发的基于无线通信的移动闭塞系统。该系统为城市轨道交通信号系统"互联互通"定制研发，可实现列车最小 90 s 追踪间隔。

图 1-1-27　世界首条互联互通地铁

9. 中国首个智慧地铁站

2019 年 12 月 20 日，广州地铁 21 号线天河智慧城站作为"智慧地铁"示范站，正式开通（见图 1-1-28）。车站具有以下功能：智能语音购票；智能客服，客服机器人；智能票亭，刷脸、刷指静脉过闸等服务；在安检方面，设置智能安检闸机，可以实现票务、安检一体通过，做到智能人包对应；用手机扫描车站二维码，通过电子地图进行站内导航；在站台门前等车时，站台门智能信息屏还会显示等车时间、车厢客流密度，乘客可以选择合适的车厢去等待，智能程度极高。

图 1-1-28　广州地铁天河智慧城站

课后思考：请就中国城市轨道交通系统先进技术做探讨。

任务二　城市轨道交通智能系统基础认知

一、城市轨道交通智能系统

智能是人类大脑的较高级活动的体现，它至少应具备自动获取和应用知识的能力、思维与推理的能力、问题求解的能力和自动学习的能力。智能系统是指能产生人类智能行为的计算机系统。智能系统可自组织性与自适应性地在传统的诺依曼结构的计算机上运行，也可自组织性与自适应性地在新一代的非诺依曼结构的计算机上运行。

城市轨道交通智能系统是指在城市轨道交通运营条件下，为降低人员工作强度，提升工作质量，提高工作效率而产生的，利用计算机替代人工完成既定任务的，具备一定先进性和智能化的系统。下面以自动售检票系统为例进行说明。

如图 1-2-1、图 1-2-2 所示，自动售检票系统能够实现轨道交通售票、检票、计费、收费、统计、清分、管理等全过程的自动处理。自动售检票系统通常包括自动控制、计算机网络通信、现金自动识别、微电子计算、机电一体化、嵌入式系统和大型数据库管理等高新技术运用。它的优势是在传统人工售票的基础上，增设了自动购票机，实现了乘客自助购票，减少了排队等候时间；增加了自动查询机的数量，方便乘客自助查询；增设了一卡通自动充值机，实现了自助充值，大大提升了工作质量，提高了工作效率。

图 1-2-1　自动售检票机

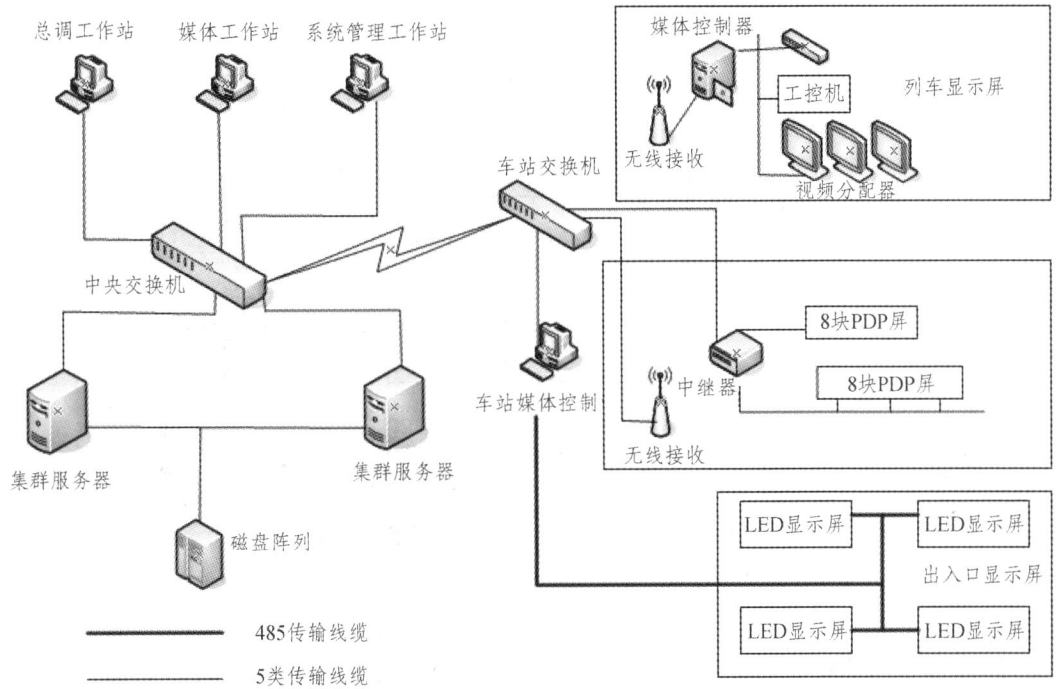

注：PDP 屏为等离子显示板屏；LED 显示屏为发光二极管平板显示屏。

图 1-2-2　自动售检票系统组成

课后思考：自动售检票系统如何降低了员工的劳动强度？

二、城市轨道交通智能系统的组成

城市轨道交通车辆智能系统包括车辆电气控制系统、列车自动控制系统和列车通信控制系统等智能化系统和设备。

城市轨道交通车站智能系统包括车站机电控制系统、车站运营智能系统等先进技术和设备。

1. 城市轨道交通车辆智能系统

（1）车辆电气控制系统。

车辆电气控制系统是指城市轨道交通运输中，采用电动机传动来满足车辆牵引的电气控制系统，主要是对电动机的速度和牵引力进行调节，实现驾驶员意图。

图 1-2-3 为城市轨道交通车辆单元控制系统。

（2）列车自动控制系统。

列车自动控制（Automatic Train Control，ATC）系统是对列车运行安全过程或一部分作业，实现自动控制的设备的总称（见图 1-2-4）。列车自动控制系统包括 4 个子系统：列车自动防护（Automatic Train Protection，ATP）、列车自动运行（Automatic Train Operation，ATO）、列车自动监控（Automatic Train Supervision，ATS）、计算机联锁系统。它主要实现 5 个原理性功能：ATS 功能、联锁功能、列车检测功能、ATP 功能和 PTI（列车识别）功能等。

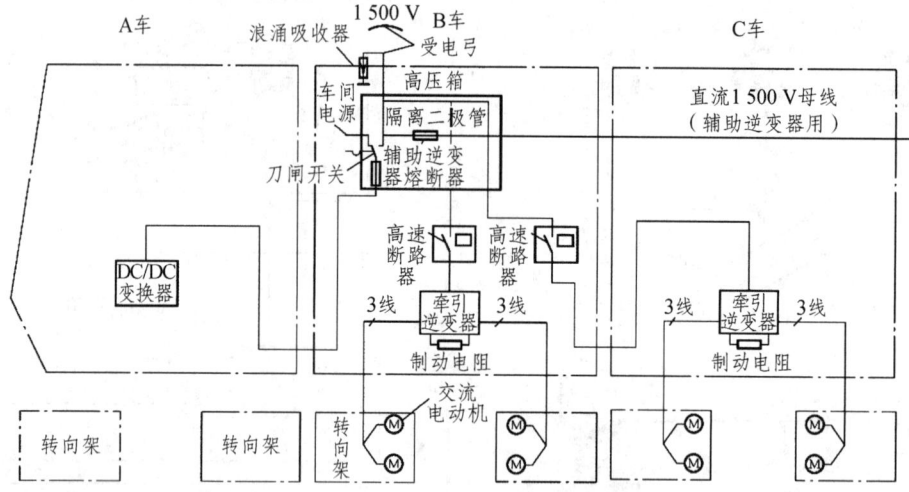

图 1-2-3 城市轨道交通车辆单元控制系统

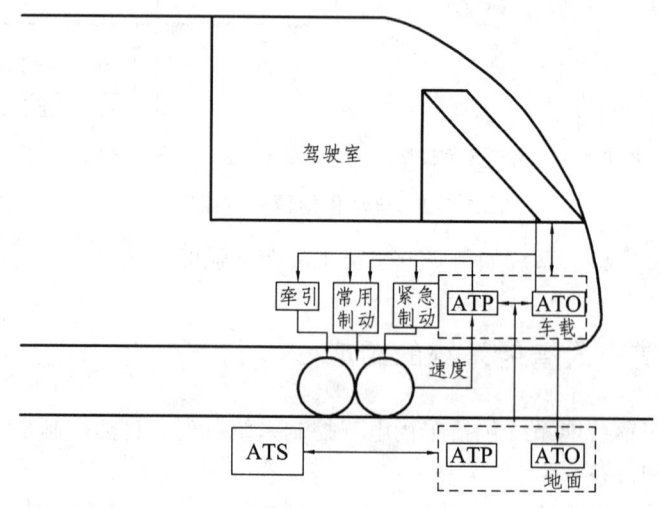

图 1-2-4 列车自动控制系统

（3）列车通信控制系统。

列车通信控制系统是一种以通信网络为核心的智能控制系统，主要作为城市轨道交通车辆实现车辆自身通信和车地双向通信的控制系统。

2. 城市轨道交通车站智能系统

（1）车站机电控制系统。

车站机电设备主要包括屏蔽门系统、电扶梯系统、给排水系统、消防系统、低压配电与照明系统、通风空调系统、广播系统、乘客信息系统和综合监控系统等。

车站机电控制系统是高度集成的实现对车站机电设备综合自动化控制的系统，通过集成地铁多个主要弱电系统形成统一的监控层硬件平台和软件平台，从而实现对地铁主要弱电设备的集中监控和管理功能，实现对列车运行情况和客流统计数据的关联监视功能，最终实现相关各系统之间的信息共享和协调互动功能（见图1-2-5）。

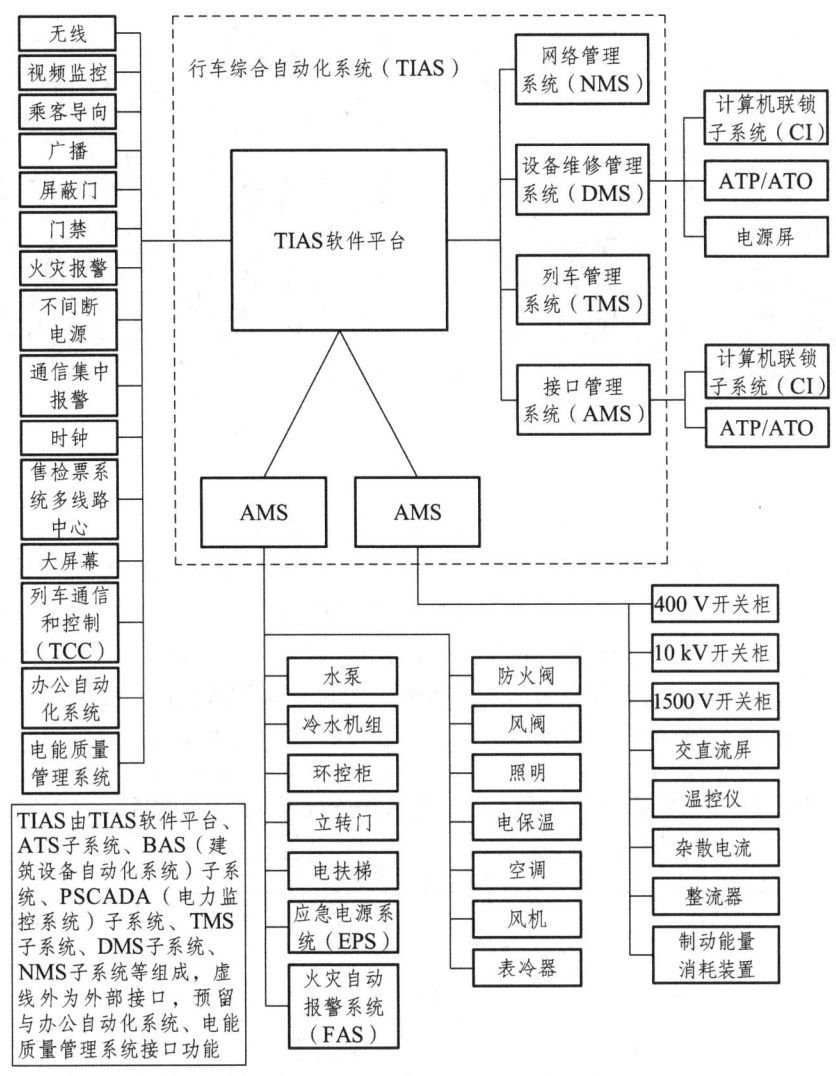

图 1-2-5 车站机电控制系统

（2）车站运营智能系统。

① 城市轨道交通屏蔽门系统。

屏蔽门是指安装在站台上，以玻璃幕墙的方式包围城市轨道交通站台与列车上落空间。屏蔽门是把站台区域与轨道区域相互隔离开的设备；列车到达时，开启玻璃幕墙上的电动门供乘客上下列车。

设置屏蔽门的主要目的是防止人员跌落轨道发生意外事故，降低车站空调通风系统的运行能耗，同时减少列车运行噪声和活塞风对车站的影响，为乘客提供一个安全、舒适的候车环境，避免因站台事故而延误运营，提高轨道交通的服务水平，为轨道交通系统实现无人驾驶创造必要条件。

屏蔽门主要有两种类型：全封闭型和半封闭型两种（见图 1-2-6）。

图 1-2-6 全封闭型和半封闭型屏蔽门

② 屏蔽门控制系统。

屏蔽门控制系统一般由屏蔽门主控制器（PEDC）、门控单元（DCU）和站台操作盘（PSL）构成（见图 1-2-7）。屏蔽门主控制器安装在屏蔽门控制室，分上下行控制站台两侧的屏蔽门，实现系统内部信息的收发、采集、汇总和分析，并实现与其他控制单元、机电设备监控系统（EMCS）、主控系统、信号系统之间的信息交换；每个门的门头安装有一个门控单元，控制该门的开关门；站台操作盘安装在端门后站台侧，司机在系统故障时可手动打开屏蔽门。屏蔽门控制系统有三级控制模式：系统级控制、站台级控制和人工操作。

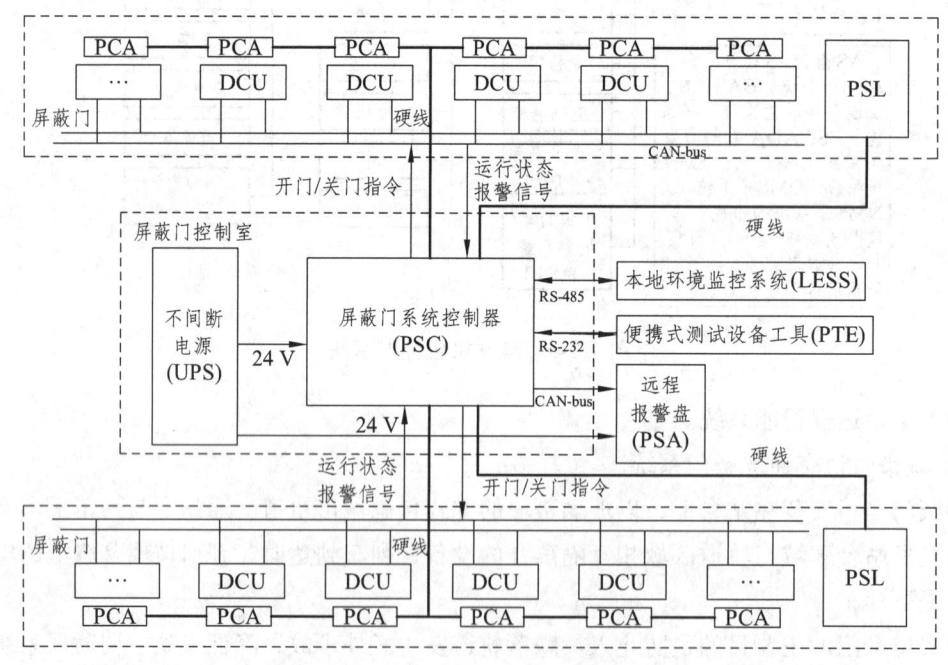

图 1-2-7 屏蔽门控制系统

③ 电扶梯系统。

电扶梯系统是带有循环运行阶梯的一类扶梯，是用于向上或向下倾斜运送乘客的固定电力驱动设备（见图 1-2-8）。它由梯路和两旁的扶手组成。其主要部件有梯级、牵引链条及链轮、导轨系统、主传动系统驱动主轴、梯路张紧装置、扶手系统、梳板、扶梯骨架和电气系统等。梯级在乘客入口处做水平运动之后逐渐形成阶梯；接近入口处阶梯逐渐消失，梯级再度做水平运动。这些运动都是由梯级主轮、辅轮分别沿不同的梯级导轨行走来实现的。

图 1-2-8　电扶梯系统

电扶梯系统作为城市轨道交通系统车站内疏散乘客的重要工具，是城市轨道交通系统的一个重要组成部分。它担负的主要任务是运送大量乘客，将地面上有乘坐城市轨道交通列车的乘客安全、迅速、舒适地运送到站台上或站厅上，对客流的及时疏散起到了至关重要的作用。所以，为了保证车站的正常运行，城市轨道交通系统车站内应配备足够数量的电扶梯系统。常用的电扶梯系统主要有垂直电梯、自动扶梯楼梯升降平台及自动步道。

友情提示：由于电扶梯故障会造成乘客受伤等状况（见图1-2-9），目前各大城市轨道交通公司要求员工参加电梯运营培训，部分公司要求员工考取电梯上岗证。

图 1-2-9　电扶梯事故

④ 给排水系统。

城市轨道交通给排水系统是为城市轨道交通系统提供的生活、生产、市政、消防用水和废水排除设施的总称（见图1-2-10）。给排水系统是城市轨道交通等公共建筑必不可少的重要组成部分。给排水系统包括生活给水系统、生活排水系统和消防系统，这几个系统都是城市轨道交通系统重要的监控对象。

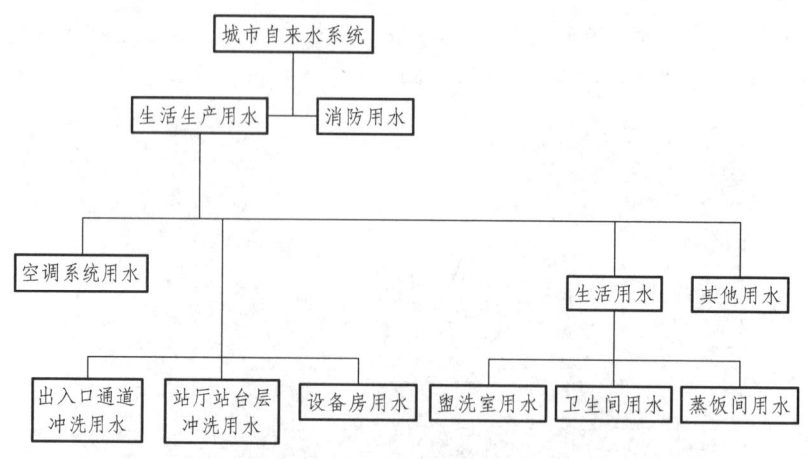

图 1-2-10　城市轨道交通给排水系统

消防水系统与火灾自动报警系统、消防自动灭火系统密切相关，国家技术规范规定消防给水应由消防系统统一控制管理，因此，消防给水系统由消防联动控制系统进行控制。生活给水系统主要是对给水系统的状态、参数进行监控与控制，保证系统的运行参数满足车站的供水要求以及供水系统的安全。

⑤ 消防系统。

城市轨道交通中可能发生的灾害主要有行车事故、火灾、水灾、雷击及地震等。对雷击和行车事故很难预先报警，只能在设计时采取预防设施，以提高运行的可靠性和安全性。对水灾、地震一般可直接接收有关部门的预报信息，不另设轨道交通专用的报警系统。火灾发生的概率高，且危害严重、损失大，为了尽早探测到火灾的发生并发出警报，在城市轨道交通中通常设有消防系统。

消防系统又称为消防联动控制系统，是指火灾探测器探测到火灾信号后，能自动切除报警区域内有关的空调器，关闭管道上的防火阀，停止有关换风机，开启有关管道的排烟阀，自动关闭有关部位的电动防火门、防火卷帘门，按顺序切断非消防用电源，接通事故照明及疏散标志灯，停运除消防电梯外的全部电梯，并通过控制中心的控制器，立即启动灭火系统，进行自动灭火（见图 1-2-11）。

⑥ 低压配电与照明系统。

地铁车站低压配电系统为车站站台、站厅和设备用房的机电设备、售检票设备等提供电源，工作人员通过该系统对车站低压电器和照明系统各设备进行有效操作和管理，为车站的正常运行提供安全、优质、高效的保障。

城市轨道交通低压配电系统是地铁供电网络中全方位的服务功能，承担了除电动车组外给所有低压负荷提供电能的重要任务，保证所有动力照明设备配电的安全、可靠、有效、经济（见图 1-2-12）。低压配电系统设备按用途分为动力和照明；按供电重要程度分为一级负荷、二级负荷和三级负荷。

照明系统在车站内有着非常重要的作用，影响乘客和工作人员在地铁车站环境中的情绪、健康、安全及车站整体装饰效果。目前，地铁车站照明系统的功能主要是在车站内为乘客提供舒适的环境，保证特殊、危险时刻的安全和疏散工作的完成，具有一定的文化内涵（见图 1-2-13）。

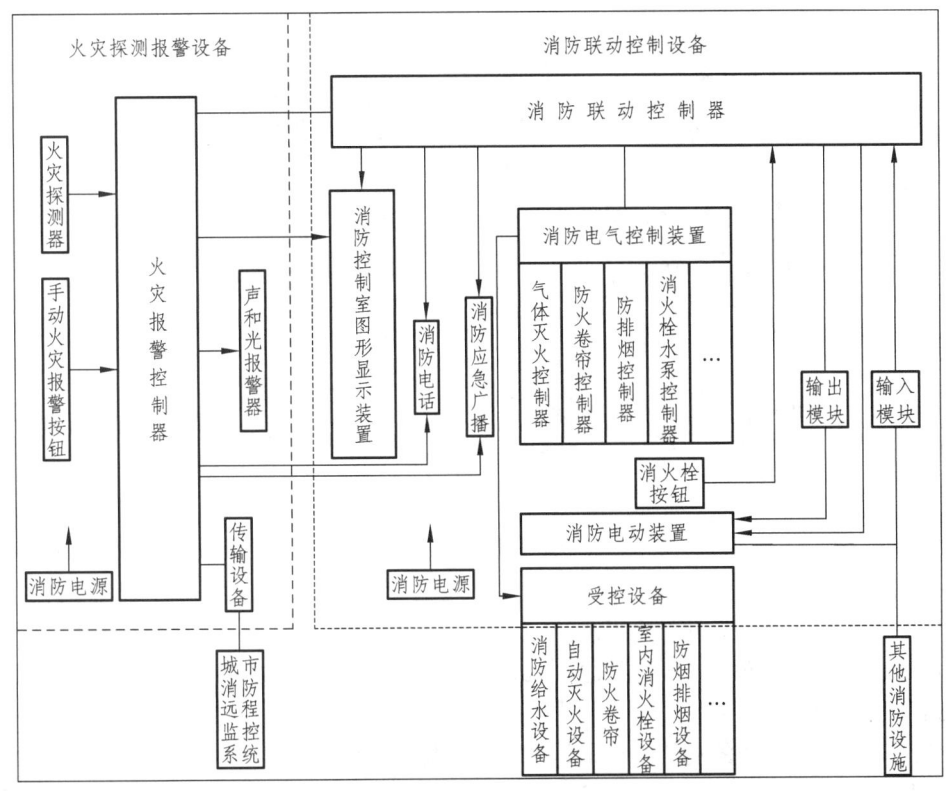

图 1-2-11 消防联动控制系统

图 1-2-12 地铁车站低压配电机柜

图 1-2-13 车站站内照明

车站照明系统分为三级控制：就地级控制、照明配电室集中控制和站控室集中控制。

⑦ 通风空调系统。

车站的通风空调系统是指在地铁车站（站厅、站台、出入口通道）、区间隧道、车站内设备及管理用房进行空气环境处理，通过通风系统和空调系统对区域内的温度和湿度进行调节，满足车站和列车的正常运行。

车站的通风空调系统的功能：正常情况下，是排除余湿、余热，保证地铁内部空气环境在规定标准范围内，为乘客和工作人员提供舒适的乘车环境，满足车站内设备用房和管理用房正常运行所需的温度和湿度要求；车站内发生火灾时，进行合理的气流组织，及时排烟，诱导乘客疏散；列车在区间隧道阻塞时，保证阻塞位置的通风，满足列车空调系统正常运行的要求。

图 1-2-14 为车站内空调通风孔。

图 1-2-14 车站内空调通风孔

⑧ 广播系统和乘客信息系统。

城市轨道交通中使用的广播系统可以通过控制中心的操作终端指挥整条线路的广播，使整条线路的每个车站的广播系统既独立又成为统一的整体(见图 1-2-15)。其主要功能是向广大乘客发布有关时间、列车延时、车次变动、行车安全、紧急情况及突发事件等信息。

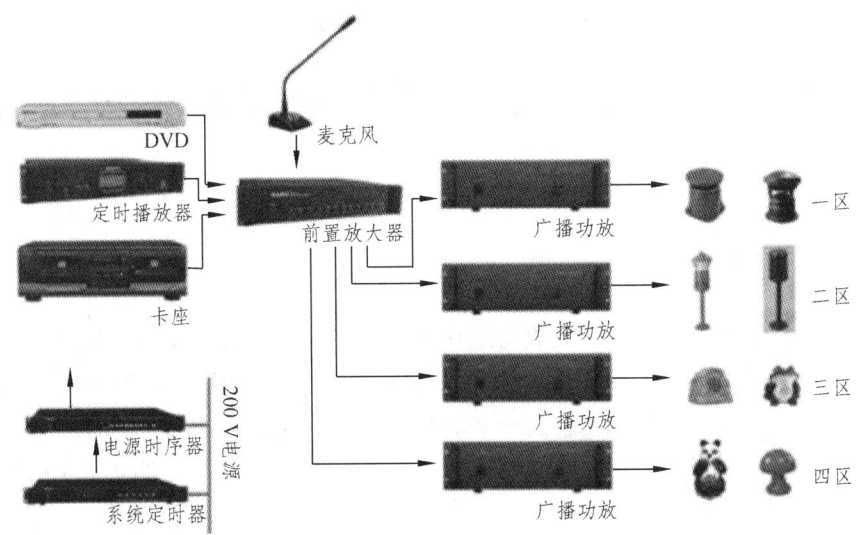

图 1-2-15　车站广播系统

广播系统是城市轨道交通运营行车组织的必要手段，能为乘客及工作人员提供语音信息播报服务。它是将各种语音信息传递到用户的一种通信方式，具有快速响应的能力。城市轨道交通系统需要更多、更便捷的广播系统为乘客提供服务。

随着时代的发展，城市轨道交通文化的丰富，现代城市轨道交通不再只是一种交通工具，它更多地作为社会沟通与文化传播的窗口，为人们的出行、广告、通信、购物及娱乐等提供一个多样化的信息空间。

习　题

1. 城市轨道交通的概念、特点及分类是什么？
2. 国内有哪些城市轨道交通企业？
3. 国外有哪些知名的城市轨道交通企业？
4. 中国城市轨道交通系统的先进技术有哪些？
5. 城市轨道交通智能系统的定义和分类是什么？
6. 城市轨道交通车辆智能系统包括什么？
7. 城市轨道交通车站智能系统包括什么？
8. 列车自动控制系统包括哪些子系统？
9. 城市轨道交通车站机电设备包括什么？
10. 城市轨道交通屏蔽门的两种主要类型是什么？
11. 电扶梯系统的主要部件是什么？
12. 城市轨道交通给排水系统包括什么？
13. 城市轨道交通车站照明系统分为哪几级控制？

项目二　城市轨道交通自动控制系统认知

一、项目描述

绿色、快速、安全、准时和舒服成为现代城市居民选择交通工具的主要依据，城市轨道交通可以满足人们的出行要求，解决日益严重的城市交通拥堵问题。而城市轨道交通自动控制系统是确保城市轨道交通列车运行安全和提高效率的关键设备，为人们的出行提供了安全保证。本项目从整体上阐述城市轨道交通行车指挥系统、正线联锁、列控设备和调度系统等基础知识。

二、教学目标

（一）知识目标

城市轨道交通通信信号系统的组成、基本功能、基本原理；正线联锁设备的基本功能；ATC 系统的结构及功能；CBTC 系统的特点及工作原理。

（二）技能目标

了解正线联锁设备的基本操作；掌握列车在正线运行的各种驾驶模式及其特点；掌握列车司机运行中对车载信号系统的操作内容；掌握 ATS 的基本操作。

（三）素质目标

分析总结地面、车载信号设备故障对列车运行的影响；掌握 ATS 与车载系统之间传输的信息。

（四）案例导入

2011 年 9 月 27 日 14 时 10 分，某地铁 10 号线新天地站设备故障，交通大学至南京东路上下行采用电话闭塞方式，列车限速运行。其间 14 时 51 分豫园至老西门下行区间两列车不慎发生追尾。14 点 51 分，虹桥路站至天潼路站 9 站路段实施临时封站措施，其余两端采取小交路方式保持运营，然后启动公交配套应急预案，公安、武警等赶赴现场协助疏散。截至

2011年9月27日20时38分，两列事故列车内500多名乘客全部撤离车站，295人到医院就诊检查，70人住院和留院观察，无人员死亡。

任务一　城市轨道交通行车指挥系统认知

一、城市轨道交通行车指挥系统

1. 调　度

城市轨道交通中，调度是日常运输组织的中枢，担负着组织列车运行、提高运营服务质量、确保运输安全、完成乘客运输计划和实现列车按图行车的重要任务，在城市轨道交通日常运营中起着决定性作用。图2-1-1为城市轨道交通调度中心。

图 2-1-1　城市轨道交通调度中心

2. 闭　塞

两站之间的线路称为区间，列车在区间应按照空间间隔法运行，既要防止追尾和正面冲突，又要防止列车超速运行。这种通过设备或人工控制，确保连续发出列车保持一定间隔距离实现安全行车的办法，称为行车闭塞法，简称闭塞。

城市轨道交通的列车间隔控制（即闭塞）均由列车运行自动完成，称为自动闭塞。根据地面和车载设备的不同，自动闭塞分为固定闭塞、准移动闭塞和移动闭塞。当闭塞设备故障不能保证行车安全时，应采用电话闭塞法行车。电话闭塞法是车站之间利用站间电话办理闭塞，以电话记录号作为确认闭塞区间空闲的凭证，以路票作为列车占用区间的凭证，以车站值班站长（或指定人员）的发车手信号号作为发车凭证的一种行车方法。图2-1-2为无线移动闭塞系统结构。

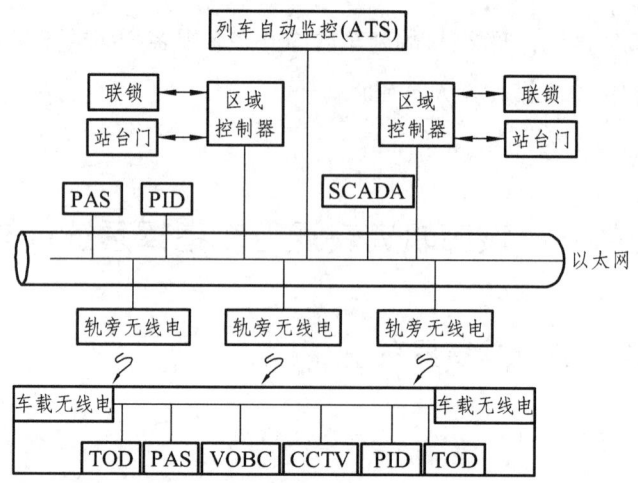

注：PAS 为车站广播系统；PID 为乘客导向系统；SCADA 为电力监控系统；TOD 为司机显示盘；VOBC 为车载计算机；CCTV 为电视监视器。

图 2-1-2　无线移动闭塞系统结构

3. 调度命令

调度命令是行车调度员（简称行调）在调度指挥中对行车人员发出的要求，并强制其配合完成的指令。发布调度命令前，调度员必须严格执行《行车组织规则》的相关规定，详细了解现场情况，听取有关人员意见。调度命令有口头命令、书面命令两种形式。需要发布调度命令的情况如下：临时加开或停运列车；变更行车闭塞法；列车反方向运行；封锁或者开通区间；向封锁区间开行救援列车；区间发生重大、大事故，对开入其临线的列车；后端驾驶列车；列车清客、区间下人；载客通过，开行工程车，调试列车；行调认为有必要的其他情况。图 2-1-3 为施工封锁调度命令。

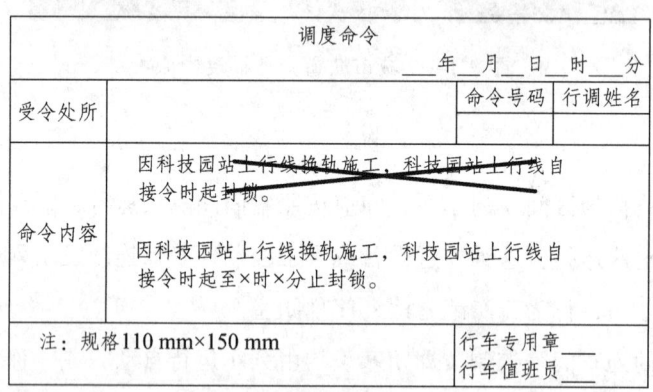

图 2-1-3　施工封锁调度命令

二、城市轨道交通行车组织特点

城市轨道交通的行车组织工作，以安全运送乘客、满足设备维修养护的需要，以及按运营时刻表的要求实现安全、正点、舒适、快捷的运营服务为宗旨，因此具有以下特点：

① 具有完善的列车速度监控功能；
② 联锁关系较简单，但技术要求高；
③ 车辆段独立采用联锁设备；
④ 行车调度自动化水平高。

图 2-1-4 为城市轨道交通的行车组织架构。

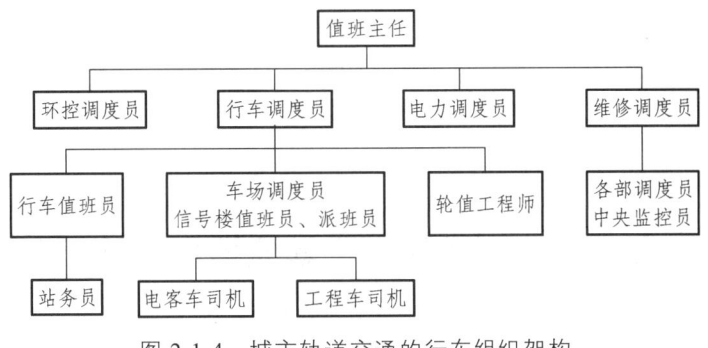

图 2-1-4 城市轨道交通的行车组织架构

三、城市轨道交通正常情况行车组织

行车组织工作必须坚持安全生产的方针，贯彻高度集中、统一指挥、逐级负责的原则，发扬协作精神。各单位、各部门要主动配合，紧密联系，协同动作，不断提高效率，安全、准时、高效地完成客运服务工作。

城市轨道交通正线行车组织基本上只包括列车运行组织和接发列车两项作业，由控制中心和车站两级部门完成。

四、城市轨道交通非正常情况行车组织

城市轨道交通的非正常行车组织指的是在设备故障、大客流、火灾等情况下组织列车运行的方法。城市轨道交通正线上折返线、存车线、停车线较少，列车只能追踪运行，因此一旦发生设备故障等情况，将会造成全线列车运行的延误，对乘客出行造成大面积影响。所以，城市轨道交通公司非常重视非正常行车组织的演练。

（1）典型信号设备故障：道岔故障、轨道电路（或计轴）故障、无线通信故障、联锁区全红（全灰）、ATS 故障和 ATP 故障。

（2）信号设备故障典型接发车方法：跳停/扣车、引导接车、电话闭塞、转换驾驶模式、反方向运行。

【案例分析】

2006 年 8 月 12 日 20 时 02 分，地铁广州东站 W1611 道岔在 1322 次（07+08）地铁列车经过后出现红光带，导致该站上行站台进折返线的进路不能解锁，列车需要以 RM（限制人工驾驶）模式折返（见图 2-1-5）。行调交出控制权，由车站强解进路后排列折返线 1 出下行站台的进路。受此影响，1323 次地铁列车在广州东站延误 254 s 开出，随后故障反复出现。

后查明故障原因系该岔区的信号系统出现故障。

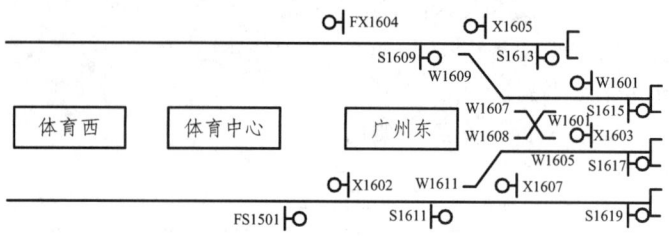

图 2-1-5　信号系统故障导致非正常行车

任务二　城市轨道交通联锁设备认知

列车在正线运营速度快、密度大，而且无须办理列车的越行或交汇，因此正线信号设备完全不同于车辆段信号设备，尤其在新建的城市轨道交通正线中，逻辑区段取代了闭塞分区，车载信号取代了地面信号，无线传输取代了数字轨道电路，更多技术先进、安全可靠的信号设备得到了广泛应用。

一、信号平面图认知

1. 方　向

地铁在正线上应采用双线、右侧行车制。南北向线路应以由南向北方向为上行方向，由北向南为下行方向；东西向线路应以由西向东为上行方向，由东向西为下行方向。环形线路应以列车在外侧轨道线的运行方向为上行方向，内侧轨道线的运行方向为下行方向。

在实际使用中，有的城市轨道交通规定以某个方向为上行方向。当车辆段位于线路末端站之后时，可规定以列车向车辆段方向运行为上行方向，远离车辆段方向为下行方向。对于正线的信号设备，有的城市轨道交通规定：上行设备编号采用双数，下行设备编号采用单数。

2. 线路平纵断面

线路的空间位置用中心线描述。
（1）纵断面（线路坡道）。
线路纵断面是线路中心在垂直面上的投影。信号平面图中用坡度描述线路纵断面。
（2）平面（线路曲线）。
线路平面是线路中心在水平面上的投影。信号平面图中用曲线半径等指标描述曲线。

3. 信号设备坐标

在信号平面图的上方和下方，用表格形式标出正线所有信号设备的名称和坐标位置。有的线路使用百米标，A 站 JZ11 的位置是"5 + 38"，表示位于距正线坐标原点 538 m 处。

有的线路使用公里标，应答器 FB0809 的位置是"K8+952"，表示 FB0809 位于线路 8 km+952 m 处。

4. 车站及联锁区

城市轨道交通正线的车站设置在客流量大的集散点，车站的间距应根据实际需要确定，市区 1 km 左右，郊区不宜大于 2 km。

根据信号联锁设备的管辖区域，将正线划分为若干联锁区，每个联锁区内设置一个设备集中站，联锁区按设备集中站的名称来命名。

车站名下方的数字表示车站中心在正线的坐标，可使用百米标或公里标。车站名称下方有"集"表示该站为设备集中站。

为了便于接发车作业和维修管理，车站的信号设备应有统一的名称，比较典型的命名规则是 XYYZZ 或 XXYYZZZZ。下行线路及下行咽喉为单数，上行线路及上行咽喉为双数。

5. 信号机

正线信号机主要包括防护信号机、阻挡信号机，根据信号系统设计的需要，还可设置进站信号机、出站信号机、区间预告信号机、通过信号机以及联锁区分界处的虚拟信号机。

信号机的命名主要有以下几种形式：

（1）按顺序编号的命名方式；

（2）按信号机功能的命名方式；

（3）按 XYYZZ 或 XXYYZZZZ 形式的命名方式。

6. 道 岔

正线一般仅在设备集中站设有道岔。

（1）道岔的定位。

正常情况下，在操作终端上道岔有定位和反位两个位置，而在室外则以左位/右位、直股/曲股等区分道岔开通方向。正线及车辆段集中控制的道岔，可不保持定位。

（2）道岔的命名。

道岔的命名主要有以下几种形式：数字编号、字母+序号，如 SW1001 或 D0302。

7. 列车占用检测设备

城市轨道交通正线列车占用检测设备主要有数字轨道电路和计轴系统两种形式。

表示方法：数字轨道电路、计轴设备和侵限绝缘（或计轴点）。

命名方式：站间轨道区段是根据所属车站按照顺序号命名，也可以将设备集中站之间的轨道区段统一编号。道岔区段可以遵循铁路车站道岔区段的命名规则，用 DG 作为轨道区段名称的典型特征，也可以用 ST 命名。

8. 应答器（信标）

应答器（有时称为信标）是安装在线路沿线，用于反映线路绝对位置的物理标志。有源应答器称为动态信标 DT、可变应答器 VB 等，"▲"为有源应答器的符号。无源应答器称为静态信标 FT、固定应答器 FB 等，"△"为无源应答器的符号。

9. 站台设备

站台设备主要包括紧急停车按钮 EB、发车计时器 PDI、列车自动折返按钮 TB、屏蔽门 PSD、旅客导向牌。

10. 无线接入设备

无线局域网（WLAN）、漏泄同轴电缆、裂缝波导管等均可提供 CBTC 系统中相应的无线数据传输服务，实现车-地双向通信及列车定位。城市轨道交通通常沿线路设置相应的无线接入设备，AP 即无线接入点。

二、正线计算机联锁

1. 正线信号系统组成

正线信号系统主要由中央设备、轨旁设备和车载设备等组成。

中央设备主要由数据存储单元和 ATS 组成。

轨旁设备主要包括 ATS 子系统、计算机联锁（CI）子系统、区域控制器（ZC）、点式 ATP 地面设备、连续式 ATP 地面设备、轨旁无线电台、应答器设备等。

我国城市轨道交通正线联锁设备存在多种类型，国外有西门子公司的 SICAS 型计算机联锁系统等，国内有北京通号国铁城市轨道技术有限公司的 DS6-60 型计算机联锁系统、北京交通大学微联科技有限公司的 EI32-JD 型计算机联锁系统等。

车载设备主要由列车司机显示屏、车载控制器和车载无线单元等组成。图 2-2-1 为正线信号系统的组成。

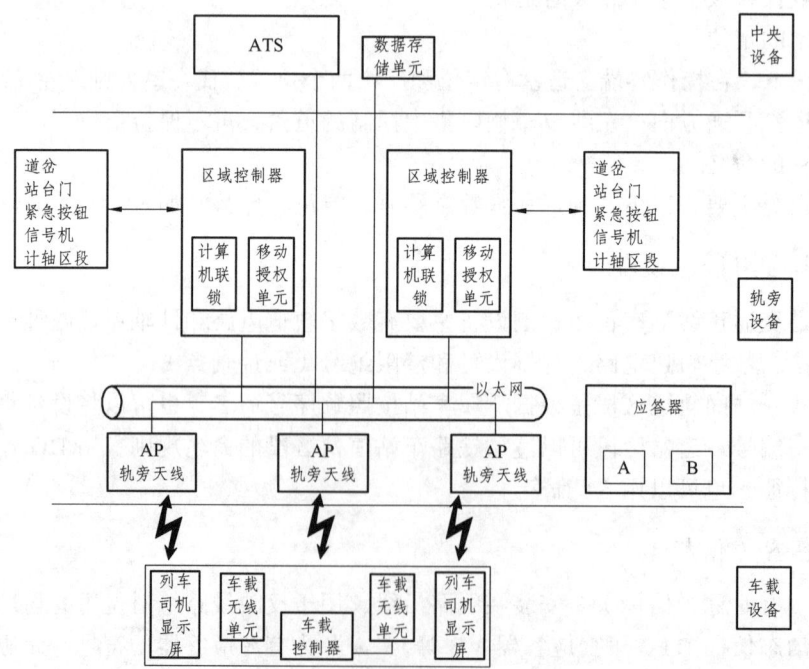

图 2-2-1　正线信号系统的组成

2. 正线联锁系统

（1）SICAS 联锁系统。

SICAS 联锁系统是西门子公司研制的综合信号系统（ATC）的 4 个子系统之一（SICAS 为西门子计算机辅助信号系统的英文缩写）。

SICAS 联锁系统按故障-安全、高可靠性的原则设计，系统由工作站、联锁计算机（3 取 2 结构）、联锁执行计算机（2 取 2 结构）、电子接口模块和相关设备（如转辙机、信号机、数字轨道电路设备）构成。

SICAS 联锁系统地面设备分为三层：人机会话层（操作/显示层），即现场操作员工作站，简称 LOW，是信号系统网络的区域终端设备；联锁运算层（信号逻辑层）；控制器层（现场元件监控层）。

（2）EI32-JD 型计算机联锁系统。

EI32-JD 型计算机联锁系统是由日本信号株式会社（简称日本信号）和北京交通大学微联科技有限公司（简称交大微联）联合开发研制的计算机联锁系统，是一套性能可靠、功能完善、操作简单、维护方便、符合故障-安全要求的车站联锁系统。

EI32-JD 型计算机联锁系统的硬件结构主要由操作表示机、联锁机、驱采机、分线柜和维修机组成。

3. 正线地面信号系统

下面以某正线信号系统来举例说明。

（1）整条线路由 5 个子系统来管理，包括交大微联的 ATS 子系统、日本信号的 ATP/ATO 子系统、交大微联的 CI（计算机联锁）子系统、交大微联的 MSS（维护支持）子系统、DCS（数据通信）子系统。

（2）信号系统由车载和轨旁两部分组成：车载部分包括车载控制器（CC）和驾驶室车载人机界面（DMI）接口；轨旁部分除计算机联锁系统、ATS 本地工作站外，还包括区域控制器（ZC）、线路控制器（LC）、数据存储器（DSU）、编码器（LEU）和信标。

三、正线联锁关系

1. 正线联锁系统的功能

一般要求为系统是实现车站联锁的信号系统，CI 将控制范围内信号机、列车占用检测装置及道岔等信号设备构成一种既相互联系又相互制约的关系；系统应满足 24 h 不间断运行的要求；系统的监控容量应满足正线车站、车辆段/停车场的建设规模和运输作业的需要；系统应具有与 ATS 校核时钟的能力；系统可与 ATS 系统配合，实现站控/遥控的转换；系统主要通过进路控制列车的运行。

其基本功能是用于列车占用检测的区段（可分为逻辑区段和物理区段），可提供封锁区段、解封区段功能；用于信号机、道岔、进路、保护区段，并应具备站台紧急关闭接口功能和站台门接口功能。

2. 西门子联锁系统的功能

西门子联锁系统的功能是进路设置功能:ATS 的自动列车进路、车站远程终端单元(RTU)的自动列车进路、追踪进路和人工排列进路,并提供进路排列的条件。

西门子联锁系统相关功能的实现需要了解进路的组成,以及多列车进路、联锁监控区段、保护区段、侧面防护(侧防)、进路的解锁和轨道区段的 Kick-off 功能等。

西门子联锁系统与其他设备的接口主要有车辆段联锁接口、洗车机接口、防淹门接口、ATC 接口、相邻联锁系统接口等。

3. 正线联锁表

正线联锁表与车辆段联锁表有较大的差异,根据正线信号平面布置图编制,它表示了正线进路、道岔、信号机及相关设备之间的基本联锁关系。

进路联锁表组成由进路号码、进路、进路性质、排列进路按钮、信号机、道岔、敌对信号、侵限区段、轨道区段、保护区段、接近区段、进路延时解锁时间、保护区段延时解锁时间、其他联锁、自动通过功能和 ATS 自动进路开始触发区段。正线联锁表还包括引导进路表、自动折返进路表。

四、正线联锁设备操作

1. SICAS 联锁系统的基本操作

操作终端 LOW 的全称是 Local Operator Workstation,即现场操作员工作站。LOW 是信号系统网络的区域终端设备,每个联锁站设置一套 LOW 设备。SICAS 联锁系统的本地操作和表示是通过 LOW 工作站来完成的。

LOW 的屏幕显示由三部分组成,自上而下为基本窗口、主窗口和对话窗口。

LOW 的操作命令根据安全等级分为"常规操作命令"(用 R 表示)和"安全相关操作命令"(用 K 表示)。安全相关操作命令是指该命令执行后可能会影响行车安全或设备安全的命令。安全相关命令只有在 LOW 上才可以操作,其安全责任主要由操作员负责,故必须确认相关的操作前提,并且须输入正确的命令,操作完毕后必须在值班日记中做好记录。

对进路的操作包括排列和取消进路;对道岔和轨道区段的操作包括显示意义和基本操作;对信号机的操作包括显示意义、基本操作和虚拟信号机。

2. SICAS 联锁系统局域控制盘(LCP)操作

紧急停车操作包括有效操作紧急停车的前提条件;紧急停车有效的区段范围;在 LCP 盘上对紧急停车的操作步骤及现象;在 LCP 盘上切除紧急停车功能的操作步骤及现象;在站台上操作紧急停车按钮后,在 LCP 盘上出现的现象;以及在 LCP 盘上进行扣车的操作及出现的现象。

3. VPI-3/iLOCK 型联锁系统操作

VPI-3 型计算机联锁系统由卡斯柯信号有限公司研发,车站正线的车站操作员工作站(HMI)由工控机、显示器、鼠标、键盘等设备组成。

界面显示主要有信号机、道岔、列车占用信息、列车方向表示、设备状态表示灯和按钮及其表示灯。

中控与站控的转换，由调度员和行车值班员来完成，中控由调度员发出请求，行车值班员同意；反之，站控则由行车值班员发出请求，调度员同意。

本系统还包括以下功能：扣车、提前发车、自动进路、自动折返、全站点灯、进路点灯、自动闭塞和闭塞确认等。

当"联锁机 A 机"指示灯和"联锁机 B 机"指示灯都灭时（即联锁机 A 机和联锁机 B 机的工作继电器都落下），系统会自动切换到应急盘控制状态，通过应急盘可办理道岔单操和引导接车。当全站处于应急盘控制状态时，应急盘上的"VPI 故障"表示灯亮红色；值班员可办理单操道岔和引导接车。

4. DS6-60 型联锁系统操作

DS6-60 型计算机联锁系统由北京通号国铁城市轨道技术有限公司研发，它主要显示信号机状态（自动信号模式显示、自动进路模式显示和自动进路触发模式显示）、道岔状态、封锁状态、轨道区段状态，实现进路操作、道岔操作、轨道区段操作和站台操作等功能。

任务三　城市轨道交通列控设备认知

列控设备是现代城市轨道交通信号系统的核心，基于无线通信的列控系统（CBTC）已成为主流城市轨道交通信号系统，取代了基于轨道电路和地面环线的列控系统，在 ATP 设备的基础上实现了列车自动驾驶（ATO）。

一、闭塞基础知识

1. 闭塞的基本概念

列车在区间运行时，一般在单线区段以站间区间、双线区段以闭塞分区作为行车间隔，在区间每个行车间隔内同一时间只允许一列列车运行。

为了保证列车在区间的运行安全，必须确认区间空闲并获得行车凭证后，列车方可驶入，此时区间处于闭塞状态，不允许其他列车进入。实现这些功能的技术设备，称为闭塞设备。

城市轨道交通列车靠右侧行驶，不论采用轨道电路还是计轴设备，也将正线区间划分为若干闭塞分区（轨道区段或逻辑区段），且不设置通过信号机，以车载信号作为主体信号。正常情况下按照上下行线单方向运行，发生线路故障等特殊情况时，允许列车反方向运行。

例如，某城轨公司规定遇下列情况，经值班主任批准，可采用电话闭塞法组织行车：正线一个或多个联锁区联锁设备故障时；正线一个或多个联锁区在中央 ATS 工作站和车站 ATS/本地控制工作站（LCW）上均失去监控功能时；正线车站与车辆段信号设备故障联锁失效时，或正线与车辆段信号接口故障时；其他情况需采用电话闭塞法组织行车时。

2. 固定闭塞

固定闭塞是指前方列车与追踪列车之间的最小安全追踪间隔距离预先设定且固定不变的闭塞方式，是实现闭塞功能的基本形式。

固定闭塞又称分级速度控制方式或阶梯式速度控制方式。其特点是采用固定划分区段的轨道区段（或计轴区段），提供分级速度信息，实施台阶式的速度监督，使列车由最高速度逐步降至零。列车超速时由设备自动实施最大常用制动或紧急制动。

3. 移动闭塞

移动闭塞没有固定的闭塞分区，ATC 系统利用无线通信实现车-地双向数据传输。轨旁 ATC 设备根据控制区列车的连续位置、速度及其他信息计算出列车移动授权，并传送给列车，车载 ATC 设备根据接收到的移动授权信息和列车自身运行状态计算出的列车运行速度曲线，对列车进行牵引、巡航、惰行、制动控制。因此，移动闭塞不需要将区间划分为若干闭塞分区，可使列车之间保持最小"安全距离"进行追踪运行。

在固定闭塞和移动闭塞之间，还存在一种准移动闭塞，基于闭塞分区（或者轨道区段）和车-地无线通信技术，前方列车与后续列车之间的最小安全追踪间隔距离预先设定且固定不变，同时根据前方目标状态设定列车的可行车距离和运行速度，采用目标距离控制模式，采用一次制动方式，其追踪目标点是前行列车的所占用闭塞分区的入口，并留有一定的安全距离。

4. 三种闭塞方式的比较

三种闭塞方式的比较，如表 2-3-1 所示。

表 2-3-1 三种闭塞方式的比较

区分项	固定闭塞	准移动闭塞	移动闭塞
制动起点	某一分区边界	变化	动态变化
制动终点	某一分区边界	某一分区边界	动态变化
追踪目标点	闭塞分区始端	闭塞分区始端	前车尾部+安全距离
空间间隔	固定	不固定	动态变化
系统组成	简单	较复杂	简单
功能	简单	较强大	强大
列车定位	轨道电路/计轴	轨道电路/计轴	列车自身定位
列车定位精度	一个轨道区段，几百米	几十米	几米
车地信息传输	模拟轨道电路，单向传输	数字轨道电路，单向传输	环线、无线、波导管双向传输
车地信息量	小，十几个信息	较大，几百个信息	大，达到几兆
正线间隔	最小 2.5 min	最小 90 s	最小 70 s
易实施性	难	难	容易
技术先进性	落后	较先进	先进

二、列控系统

1. 列控系统的组成

列控系统由列车自动控制系统（ATC）、列车自动监控系统（ATS）、列车自动防护系统（ATP）、列车自动驾驶系统（ATO）和移动授权（MA）组成。

（1）列车自动控制系统（ATC）是以技术手段对列车运行方向、运行间隔和运行速度进行控制，保证列车能够安全运行，提高运行效率的系统。

（2）列车自动监控系统（ATS）是指挥列车运行的控制、监督系统，是列车自动控制系统的子系统。ATS子系统由调度中心ATS设备、车站ATS设备和车载ATS设备组成。调度中心与车站之间通过数据传输系统进行双向数据交换，而车站与列车之间通过车-地信息交换系统进行数据交换，从而构成完整的ATS系统。

ATS系统的主要功能为列车运行进路的自动控制；时刻表的编辑和修改；列车运行图的调整控制；行车调度模式设置；折返模式控制和自动折返控制；列车运行目的地、运行等级、"跳停"等控制；列车运行的实时跟踪和车次号监视；列车停站、开闭车门及车载设备状态的监视等。

位于管理级的ATS系统与确保行车安全的列车自动保护子系统及联锁设备相结合，对列车运行进路实现遥控（在调度中心集中控制）或局控（在调度中心授权下由车站值班员控制）。车-地之间的信息交换方式，可通过轨道电路，或交叉感应环线，或专设的感应器向列车传送ATS信息，列车通过车-地通信（TWC）发送天线向地面传送ATS信息。其信息交换的内容和方式，根据ATC系统制式而异。ATS子系统与铁路调度集中（CTC）系统相似，但由于ATS子系统与列车自动运行子系统和列车自动保护子系统相结合，可以实现列车的自动运行，所以ATS子系统的功能及其信息内容等都与CTC系统有所区别。

（3）列车自动防护系统（ATP）是确保列车运行速度不超过目标速度的安全控制系统。它是列车自动控制（ATC）系统的子系统，也是确保列车安全运行，实现超速防护的关键设备。该子系统通过设于轨旁的ATP地面设备，连续地向列车传送"目标速度"或"目标距离"等信息，以保持后续列车与先行列车之间的安全间隔距离，并监视列车车门和站台屏蔽门的开启和关闭的程序控制，确保它们安全操作。ATP子系统地面发送设备平时通过轨道电路或交叉感应环线发送列车检测信息，以检查轨道区段的空闲和占用，当检测到列车占用该轨道区段时，将"目标速度"或"目标距离"等数据信息传送给列车。车载ATP设备接收并解译"速度命令"等数据信息，结合列车实际速度、制动率、车轮磨损补偿等相关条件，实现超速防护控制，并与列车自动运行（ATO）子系统配合，实现列车速度的自动调整。当列车到达定位停车点时，由ATP子系统通过轨旁设备向列车传送列车车门开启和关闭信息，进行列车车门开、闭控制。ATP子系统主要有音频无绝缘轨道电路的"速度码"制式；数字编码轨道电路的"目标速度"制式；数字报文式轨道电路的"目标距离"制式；不设钢轨的独轨交通系统，通过专用的交叉感应环线来传送ATP信息。同时，我国还采用利用轨间感应环线，实现车-地双向数据通信，完成移动闭塞功能的基于通信的列车控制系统。

（4）列车自动驾驶系统（ATO）是实现列车自动行驶、精确停车、站台自动化作业、无人折返、列车自动运行调整等功能的列车自动控制系统。它接收来自ATP/ATS系统的地面信息和行车控制指令以及必要的人工操作，实现列车加速运行、惰行、减速、停车和端站的折返作业控制。

（5）移动授权（MA）是指在列车运营过程中，获取列车移动的相关授权。

（6）一个站间区间内同方向可有两列或两列以上列车，以闭塞分区间隔运行，称为追踪运行。追踪运行列车之间的最小间隔时间，称为追踪列车间隔时间（Headway）。

自动闭塞是在确保行车安全的前提下，以使追踪列车间隔达到最小为目标，以车站控制装置和机车控制装置为中心的一个闭塞控制系统。在这一系统下，列车准确定位是关键性技术。三颗卫星只能使定位精度达到 100 m，辅之以地面装置校正可以达到 1 m 以内的精确度。区间内运行的每列列车均与前方站的中心控制装置周期性地保持高可靠度的通信联系；车站中心控制装置接到列车信息后，根据列车牵引特性曲线及区间相关参数，解算出每一追踪列车的允许最大运行速度并发送给列车，而对于接近进站的列车，则根据调度命令发出该列车进站及进入股道等信号。

采用移动自动闭塞系统可以有效压缩追踪列车间隔时间，提高区间通过能力。

（7）列车安全制动模型主要用于计算列车之间的安全制动距离，它主要考虑的影响因素是前方列车位置的不确定性（包括后溜的最大距离）；后方列车位置的不确定性；列车长度；列车配置；CBTC 系统能够容许的超速；CBTC 系统速度测量的最大误差；CBTC 系统的反应和延迟时间；当检测到列车超速时，列车的紧急制动加速度；当检测到列车超速后，CBTC 系统切断牵引力和采取紧急制动的最大反应时间；紧急制动曲线（GEBR）和线路坡度等。

2. 列控系统的结构

基于无线通信的移动闭塞列车控制（CBTC）系统包括列车自动监控子系统（ATS）、列车自动防护子系统（ATP）、列车自动运行子系统（ATO）、联锁子系统、数据传输子系统（DTS）和车-地通信子系统（TWC）等。

（1）控制中心 ATS 子系统包括 ATS 应用服务器、数据库服务器、通信服务器，一套大屏接口计算机以及调度员工作站、运行图/时刻表工作站、模拟培训工作站等，实现线网线路的集中控制、运营数据记录和模拟功能。

（2）车站设备按照设备不同，分为区域控制站、联锁设备集中站和非设备集中站三种类型。

（3）车载设备是指每列车配置车载 ATP/ATO，能与地面 ATP/ATO 共同实现列车间隔控制及列车追踪功能，实现 ATO 驾驶模式、ATP 驾驶模式、限制人工驾驶模式及端站折返模式。

（4）轨旁设备包括信号机、转辙机、计轴设备（或轨道电路）、信标以及车站室内设备等。

（5）通信网络设备是指数据传输子系统（DTS）及车地传输子系统（TWC）构成整个系统的通信传输网络。

3. 列控系统地面设备

除了前面介绍的信号机、计轴设备、轨道电路、AP 等外，列控系统还包括下列地面信号设备。

（1）区域控制器（ZC）是 CBTC 系统的 ATP 子系统的核心控制设备，是车-地信息处理的枢纽，采用2乘2取2冗余结构的安全计算机平台，主要负责监督并控制信号机、转辙机，监督站台屏蔽门、防淹门、站台紧急停车按钮、计轴区段，并根据 CBTC 列车所发送的列车编号、位置、速度、方向等信息，为其控制范围内的 CBTC 列车计算生成移动授权（MA），确保在其控制区域内 CBTC 列车的安全运行。

（2）应答器（Balise）：有的信号系统称之为信标。应答器是一种利用电磁原理，在特定地点以报文形式实现地面与车载设备间高速数据传输的设备。应答器分为有源应答器和无源应答器两种。

点式 ATP 系统主要由地面设备（联锁及通过联锁控制的有源应答器）、ATP 车载设备组成，通过有源应答器实现车-地之间的信息传递。车载设备通过车载应答器天线，接收地面有源应答器发送来的停车点信息。与有源应答器直接相联系的典型轨旁设备是 LEU（轨旁电子单元）。

（3）环线是指在信号系统中，在轨道中央沿轨道方向铺设两根感应环线电缆，完成车载系统与轨旁 ATC 系统之间的双向非安全数据交换，实现列车在 ATO 模式下的站台精确停车。感应环线电缆由铜绞线、外部绝缘与非屏蔽保护层组成。

（4）紧急停车按钮（ESB）是指每个车站的每侧站台上都装有两个紧急停车按钮，第三个 ESB 安装于车站控制室。当任意一个 ESB 被激活时，站台入口信号机（进站信号机）及站台出口信号机（出站信号机）立即关闭，并将停车信息通过联锁传给 ATP，然后由地面 ATP 通过无线方式将信息传递给线路上的列车，启动紧急制动，使列车停止运行。

（5）列车发车指示器是指每站台的每一端都有一个列车发车指示器（总共4个），用于向列车司机提供计划的列车发车倒计时。系统根据列车运行的情况，以命令的方式控制发车指示器，显示停止时分倒计时以及扣车、跳停、提前发车等信息。

4. 列车运行控制过程

列车运行控制包括自动运行、站停控制、跳停控制和扣车控制。

驾驶模式包括 ATO 模式（AM）、ATP 模式（ATPM、SM）、点式 ATO 模式（PAM）、点式 ATP 模式（PATPM）、限制人工驾驶模式（RM）、非限制人工驾驶模式（ATP 切除 NRM/EUM）和关断模式（OFF 模式）。

折返模式包括无司机的 ATO 自动折返模式、有司机的 ATO 自动折返模式、有 ATP 监督的人工折返模式、限制人工折返模式和非限制人工折返模式。

三、列车自动防护子系统（ATP）

1. ATP 技术要求

它包括 ATP 设备应确保列车的安全运行，实现列车运行间隔控制、超速防护和车门监控等功能；每列车宜头尾两端各设一套 ATP 车载设备；ATP 车载设备的开关、按钮及表示灯包括驾驶模式转换开关或按钮、自动折返按钮及表示灯、确认按钮、车载设备切除开关；ATP 地面设备宜采用列车位置报告和列车占用检测设备的冗余方式获得列车位置，以满足系统正常及降级运用的要求；ATP 车载设备在不同的 ATP 地面设备控制区域间切换应不影响列车正常运行；ATP 设备应满足连续通信的列车控制、点式列车控制、联锁控制三种级别的要求；ATP 车载设备应至少支持限制人工驾驶模式（RM 模式）、ATP 防护下的人工驾驶模式（CM

模式），如果装备 ATO 设备的，还应支持列车自动驾驶模式（AM 模式）；ATP 车载设备应与车辆电路一起提供设备切除功能；ATP 设备宜具备无人自动折返功能；在具有列车作业方式的车辆段/停车场，ATP 设备应提供超速防护功能。

2. ATP 车载子系统结构

ATP 车载子系统主要由三部分组成：车上设备、车底设备、车顶设备。

车上设备主要包括车载主机（列车信号车载系统机柜、车载控制器机柜）、司机控制台（TOD）、继电器柜、电源和辅助设备等。

车底设备是用来获取列车速度和位置测定功能的，由信标读取器、测速装置和多普勒雷达等组成。

车顶设备包括漏缆天线和 LOS（Line of Sight）天线，其作用均为发送列车的位置和状态信号，接收轨旁 AP 发送过来的轨旁列车控制信号。

车载子系统一般大致由以下设备组成：ATP 安全冗余单元、雷达传感器、速度传感器、应答器主机单元、应答器接收天线、车载无线单元、波导管天线、车载自由波天线、人机界面单元和两端车载设备贯通线。

3. 车载子系统功能

（1）车载子系统的基本要求是 ATP 设备在 CBTC 区域内应能够确定列车的速度、位置（包括列车两端的位置）和运行方向；ATP 车载设备应采用冗余方式的测速系统，速度信息的输出应相互校验，并实行断路检查；ATP 设备的测速分辨率不大于 2 km/h；列车进入 CBTC 区域或从故障状态恢复时，ATP 设备应能通过读取应答器信息来自动初始化定位；ATP 车载设备应具有空转、打滑检测功能，并具有列车速度和位置测量误差修正功能；系统无故障时，应答器的配置应满足要求；采用车轮转动来测量列车速度/位置时，ATP 车载设备宜具备自动轮径补偿功能；ATP 车载设备应具有零速度检测功能。零速度检测标准：速度值不大于 1 km/h 且持续时间不小于 2 s。

（2）车载子系统是列车安全、稳定运行的可靠保障，它不仅能控制列车的运行速度，还具有其他重要功能：防止运营列车超速运行；接收和处理来自地面的信息；防止列车相撞；车辆安全停靠站台；列车车门控制；空转、打滑防护；防止列车发生溜车。

4. 人机界面

人机界面信息如表 2-3-2 所示。

表 2-3-2　人机界面信息

列车速度	速度-距离曲线速度	控制级别和驾驶模式	目的地名	停准指示
超速报警	目标速度	目标距离	推荐速度	车次号
ATP 车载设备工作状态	乘务人员的身份识别号	ATO 设备工作状态（如果装备 ATO）	ATO 牵引、制动、惰行状态信息	ATP 车载设备头尾设备状态
车门和站台门状态	发车提示	空转/打滑状态表示	列车制动力状态	关车门提示
跳停、扣车状态	日期和时间信息	列车完整性	折返提示	转换区提示

人机界面显示主要包括按钮部分、信息显示部分、指示灯和报警器等，如图2-3-1所示。

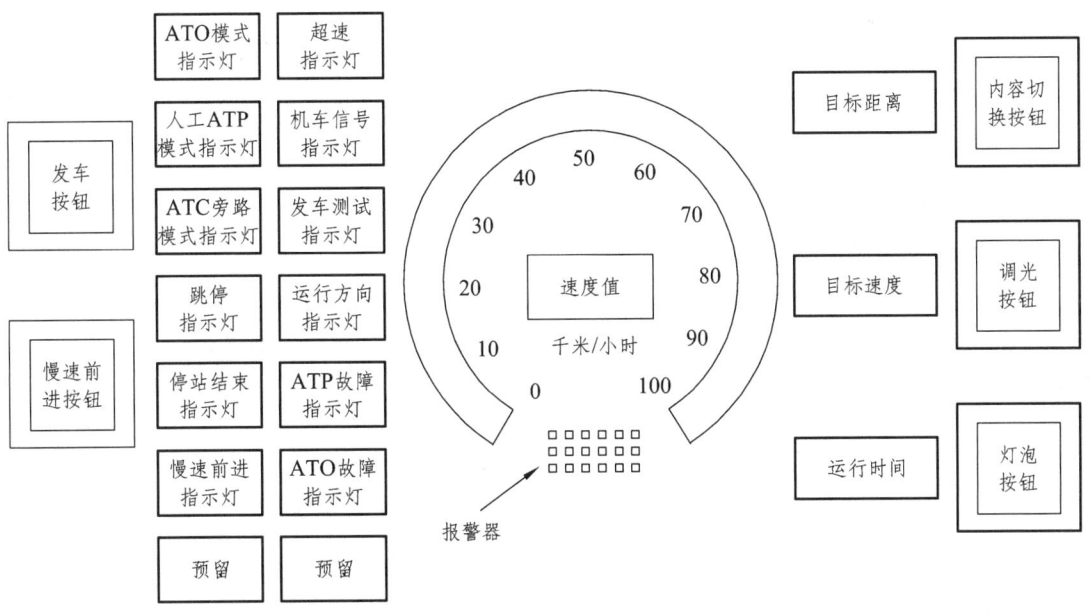

图 2-3-1　人机界面显示

5. 车载子系统的工作原理

车载ATP通过速度传感器和多普勒雷达来测量列车速度和运行距离，并通过测速设备对列车的走行距离进行累计。车载ATP接收地面信息可通过两种不同的通道，不同的信息通道对应列车不同的运行级别。车载ATP内存储全部的电子地图，包含了全线的线路状态信息和固定限速信息。车载ATP可根据移动授权（MA）信息的来源管理列车的运行级别，并根据列车状态管理列车驾驶模式的转换。

6. 车-地信息双向传输

车载ATP/ATO向地面ATP传输的信息包括列车位置信息、列车运行速度和方向、停稳信息、列车控制级别和驾驶模式、列车完整性和无人折返状态指示信息。

地面ATP向车载ATP/ATO传输的信息包括CBTC级别移动授权信息：地面ATP计算并向列车发送的对列车运行位置和速度的许可信息；临时限速信息：ATS根据运营需要，设置并下发的临时速度限制信息；无人折返按钮信息：办理无人自动折返的按钮状态信息。

CI向车载ATP/ATO传输的信息是站台门状态：站台门是否处于关闭且锁闭的状态信息。

车载ATP/ATO向CI传输的信息是站台门命令：车载ATP/ATO发出的站台门控制命令，CI可利用该信息控制站台的门开/关。

四、列车自动驾驶子系统（ATO）

列车自动驾驶系统（ATO）主要实现"地对车控制"，与ATP系统为列车运行提供安全保障相比，ATO系统是提高城市轨道交通列车运行水平的技术措施。ATO系统实现列车自动驾驶，它需要列车自动防护系统和列车自动监控系统提供支持；ATO 系统对列车进行控制，使得列车驾驶处于最佳的运行状态；ATO 系统在站台可以精确对位停车。

列车自动驾驶系统技术要求是 ATO 设备应在 ATP 设备的防护下实现列车自动驾驶功能，ATO 设备故障应不影响 ATP 防护下的人工驾驶列车运行；ATO 设备宜具备无人自动折返功能；ATO 设备宜采用双机热备冗余结构；列车自动驾驶；站台停车控制；车门监控；站台门监控；运行调整；运营辅助以及故障诊断和报警。

1. ATO 设备的组成

列车自动驾驶系统是非故障-安全系统，由车载设备和地面设备组成。车载设备主要包括车载 ATO 模块、ATO 车载天线和人机界面等。列车自动驾驶系统地面设备由地面信息接收发送设备和轨旁 AP（或轨道环线）组成。

2. ATO 的基本原理

ATO 的基本原理包括列车自动驾驶、车站程序停车、车站定位停车、车门控制和地-车数据交换等。

3. ATO 的基本功能和操作

ATO 的基本功能包括车站发车控制功能、列车区间运行速度控制、车站精确停车、列车自动折返、跳停和扣车功能及控制车门等。

ATO 的基本操作包括车站发车、车门控制和停站、折返和跳停等。

【知识拓展】

（1）某城市轨道交通公司列车运行司机操纵程序：列车出库→正线运行→站台作业（开关车门）→终点站折返→列车进入车辆段。

（2）全自动驾驶系统实现列车的自动唤醒、自动启动、自动运行、车闸定点停车、全自动驾驶、自动折返、自动出入车辆段、自动休眠等功能，并对列车上乘客状态、车厢状态、设备状态进行监视和检测，对列车各系统进行自动诊断，将列车设备状态及故障报警信息传送至控制中心。

基于 CBTC 的全自动无人驾驶系统（FAO）主要包括信号控制部分、通信控制部分、车辆部分和运营组织部分四部分。

任务四 城市轨道交通调度系统认知

城市轨道交通由行车调度员负责指挥正线列车运行，在行车组织方面必须坚持"高度集中、统一指挥"的原则。ATS 系统是城市轨道交通调度指挥的专用网络，实现了控制中心（OCC）和设备集中站对信号系统的两级控制。ATS 系统对实现正线自动触发进路、列车按图行车具有重要作用。

一、ATS 系统结构

1. ATS 系统简介

列车自动监控系统的监督功能是将列车运营的状态和信息,通过控制中心或各车站的调度终端实时显示出来,控制中心或各车站的调度员可以通过调度终端屏幕,实时了解和掌握列车的实际运行情况,以便及时对行车作业进行分析和调整,保证全线运营安全、高效、有序进行。

列车自动监控系统的控制功能,是由列车自动监控系统向列车自动防护系统和列车自动驾驶系统发出指令办理列车进路,控制列车按照列车运行图运行。列车自动监控系统可以绘制列车实际运行图,并动态地对偏离运行图的列车进行调整。列车自动监控系统为非故障-安全系统,列车安全运行由列车自动防护系统来保证。

2. ATS 系统技术要求

ATS 系统正常运行的要求是 ATS 系统应能实时显示全线轨道线路布置图、列车位置信息、列车车次号信息及信号系统主要轨旁设备的状态;ATS 系统应使用图形化方式显示 ATS 系统设备工作状态及与其他系统的连接状态;ATS 系统控制等级应划分为控制中心控制、车站 ATS 控制和车站联锁控制;ATS 系统应以图形化的方式显示运行图,对基本运行图具备创建、修改及删除等编辑功能;ATS 系统在自动控制模式下,应能根据列车计划信息、列车位置、进路表和与其他列车交汇冲突信息等自动办理相应进路,指挥在线列车运行;ATS 系统应在信号系统监视范围内自动跟踪列车的位置信息,列车跟踪模式包括通信列车跟踪和非通信列车跟踪;ATS 系统应提供对计划列车服务号、车次号、目的地号的设置、修改和删除等编辑功能,实现对计划列车的管理;ATS 系统报警/事件的种类宜分为信号状态、操作命令、列车信息及系统事件 4 种类别;ATS 系统应提供轨道交通线路运营状态、报警信息及人员操作记录的回放功能,以及用户培训功能;全自动车辆段/停车场 ATS 系统应具备车库各股道可按时刻表或发车顺序自动进路触发功能。

3. ATS 系统组成

控制中心 ATS 系统硬件主要包括调度工作站、培训工作站、维护工作站、列车运行计划工作站、系统服务器、数据库服务器、通信服务器和电源设备等。

车站 ATS 设备包括工作站、打印机、网络接口和不间断电源(UPS)等设备。ATS 工作站,用于车站值班员完成对本站所管辖范围内的列车运行状态监督、进路排列、道岔控制、信号开放等作业,是车站的重要设备。

车辆段/停车场 ATS 设备包括派班工作站、车辆段/停车场监视工作站、ATS 试车线工作站和终端服务器等。

以北京地铁 15 号线为例,中央 ATS 设备设在小营控制中心,能实现对正线全线的监控以及对车辆段/停车场的监督。在车辆段还设置有备用控制中心,当小营控制中心的 ATS 设备故障时,能人工切换到备用控制中心,实现对北京地铁 15 号线的监控功能。每个设备集中站都装备有一套车站 ATS,通过冗余 ATS 网络与中央 ATS 设备相连。在车辆段和停车场各装备了一套车站 ATS 和一套 ATS 终端设备,用以监督进出车辆段的人工驾驶列车的运行情况,管理车辆段的车辆派班。

4. 与其他系统接口

ATS 向 CI 接口包括道岔位置控制、道岔单锁控制、道岔封锁控制、进路控制、自动通过进路控制、信号控制、信号封锁控制、信号引导控制、区段故障解锁、自动折返控制和站台扣车控制等。

CI 向 ATS 接口包括道岔位置信息、道岔单锁信息、道岔封锁信息、自动通过进路信息、信号状态信息、信号封锁信息、信号引导信息、灯丝状态信息、区段状态信息、自动折返信息、站台扣车状态信息、保护区段状态信息和报警信息等。

地面 ATP 向 ATS 接口包括时间同步信息、首次上电临时限速确认信息、临时限速一次设置/取消信息、临时限速二次设置/取消信息和全线临时限速状态信息等。

ATS 向地面 ATP 接口包括时间同步信息、首次上电临时限速确认信息、临时限速一次设置/取消信息和临时限速二次设置/取消信息等。

ATS 向车载 ATP/ATO 接口包括列车运营识别信息、目的地（本次列车运行所要到达的终点站）、下一站（列车本次运行所要到达的前方站台）和运营调整命令等。

车载 ATP/ATO 向 ATS 接口包括列车实时位置信息、列车运行速度和方向、列车控制级别和驾驶模式、车门状态、停稳信息和列车报警信息等。

ATS 与其他外部系统的接口信息包括与无线系统/广播系统进行接口；与综合监控系统进行接口；与乘客信息系统进行接口；与显示屏系统进行接口；与时钟系统进行接口，实现时钟同步；与火灾报警系统（FAS）接口；与其他相连线路的信号系统进行接口和与路网指挥中心接口等。

二、ATS 功能与操作

1. ATS 系统功能

列车自动监控系统监控全线列车运行，它具有以下主要功能：集中监视和跟踪全线列车运行情况；自动记录列车运行过程；自动生成、显示、修改和优化列车运行图；自动排列进路；自动调整列车运行追踪间隔；信号系统设备状态报警；记录调度员操作；运营计划管理和统计处理；列车运行情况模拟及培训；与其他系统接口等。

（1）列车监视和跟踪功能。

列车自动监控对在线所有运行列车进行实时监视和跟踪。列车监视和追踪功能包括系统自动识别、读取列车车次号；列车运行计划时刻表自动产生车次号；人工输入、记录、删除、变更车次号；列车运行识别；列车运行跟踪；在调度员台、维护台及大屏幕上显示列车位置；报告列车信息。

车次号是指每列车进入轨道开始运营前，都会被赋予一个唯一号码。列车车次号一般由两部分信息组成：列车车组编号和列车目的地编号。

（2）列车自动排列进路功能。

能够对轨道区段、信号机、道岔实现集中控制，根据列车的运行情况，在适当时机向车站联锁设备发送排列进路命令，转换道岔，开放信号，保证列车的安全运行。

控制中心调度员或车站值班员，在遵照管理程序和规章制度的前提下，可以进行人工干预，包括人工建立及取消正线各种进路等。

（3）列车追踪间隔调整功能。

列车追踪间隔调整按其功能分为间隔调整和列车时刻表调整两种方式。

列车间隔调整功能的实现方式：修改列车运行等级和通过自动调整车站停站时间。

（4）列车运行模拟仿真功能。

列车自动监控系统提供模拟仿真功能，用于培训操作和维护人员。模拟仿真是通过仿真手段，离线模拟列车的在线运行，主要用于系统的调试、演示以及人员培训。

（5）列车运行重放功能。

数据库服务器会存储列车运行的各种信息，如调度员发布的调度命令和线路信号设备的实际工作状态信息等。允许用户查看一段时间内的列车运行数据，再现过去某一时间段内线路上信号设备状况、列车运行情况以及调度员操作等信息。列车运行重放功能在事故和故障原因的分析中起到重要作用，还可以用来分析评估列车运营计划，优化运营管理程序，提高调度作业效率。

（6）事件记录、报告和报表生成、打印功能。

能够记录大量与运行有关的数据，如列车运行里程数、实际列车运行图、列车运行与计划时间的偏差、重大运行事件、操作命令及其执行结果、信号设备的状态信息、设备的故障信息等。该功能可提供多种报告，帮助控制中心调度员了解列车运行情况和系统工作情况；系统可根据用户的要求提供各种统计功能，生成各种统计报表；在需要时可以进行检索、打印。

（7）报警功能。

列车自动监控系统能及时记录被监测对象的状态，有以下报警功能：预警、诊断和故障定位能力；监测列车防护系统是否正常工作；监测信号设备和其他系统设备的接口状态；在线监测与报警能力；监测过程不影响被监测设备的正常工作。

列车自动监控系统的报警内容包括线路上信号设备故障；轨道电路故障；车站控制故障；列车车载系统故障；车辆故障；列车自动监控系统设备故障和接口故障等。

（8）接口功能。

列车自动监控系统除了以上所述的基本功能外，还可以与其他控制系统进行数据交换。这些系统包括主时钟系统、车站旅客向导系统、车站广播系统、无线列车调度系统和综合数据处理系统。

2. ATS系统显示与操作

ATS系统是城市轨道交通调度指挥的重要设备，除实现对信号、道岔、进路等设备的监控外，更多的功能体现在对列车运行的指挥和调整方面。

(1)控制状态。

ATS系统的控制模式有中控和站控两种控制模式：中控表示灯亮绿灯和站控表示灯亮黄灯。

(2)信号机状态。

信号机状态包括信号机上画"×"，表示信号机被设置为灭灯状态；信号机旁边显示黄色三角，表示该信号机为始端的进路中至少一条设置为禁止ATS自动触发；不显示黄色三角形，表示该信号机为始端的所有进路均设置为允许ATS自动触发；信号机旁边显示绿色箭头，表示该信号机为始端的进路被CI设置了自动进路模式；绿色箭头闪烁表示自动触发进路正在选路过程中；信号机旁显示黄色箭头表示CI设置了该信号机为始端的进路自动触发模式；信号机被红色方框包围，表示功能封锁状态；信号机名称被红色方框包围，表示信号封锁状态。

(3)道岔状态。

道岔名称为绿色表示道岔在定位；道岔名称为黄色表示道岔在反位；道岔名称为红色表示处于单锁状态；道岔名称被红色方框包围表示处于单封状态；道岔名称显示为白色且岔心被红色虚线边框包围并闪烁表示道岔失去表示。

(4)轨道区段状态。

轨道区段线条为灰色表示处于空闲状态；显示白色光带表示处于锁闭状态；非通信车占用时轨道区段线条为红色；通信车占用时轨道区段线条为粉色等。

(5)站台状态。

站台显示为稳定黄色表示列车在站台停站，显示灰色表示没有列车停站，显示浅蓝色表示列车跳停；站台旁的H字符表示站台的ATS扣车命令设置；站台旁的白色圆点表示站台的联锁综合后备盘（IBP）扣车命令设置；站台旁的线段表示屏蔽门状态等。

(6)列车识别号包括识别号AA、识别号BBB和方向状态模式。

(7)进路相关操作包括鼠标右键点击进路始端信号机，可选择相关命令，如"进路取消""进路选排"等命令。

(8)设置/取消限速操作为鼠标右键点击轨道区段或道岔尖端，在弹出的菜单中选择"设置限速"命令。

(9)站台相关操作为鼠标右键点击站台图标，在弹出的菜单中选择相关命令。

(10)运行图显示。横线代表车站的中心线；设备集中站以灰色粗线条表示，其余车站则以灰色细线条表示；竖线将横轴按一定的时间单位进行等分，分钟线以细线条表示，十分线和小时线以粗线条表示，黄色的粗线条竖线，作为当前时间线；斜线是列车运行的轨迹。列车运行线与车站中心线的交点就是列车在车站的到达、出发或通过时刻（见图2-4-1）。

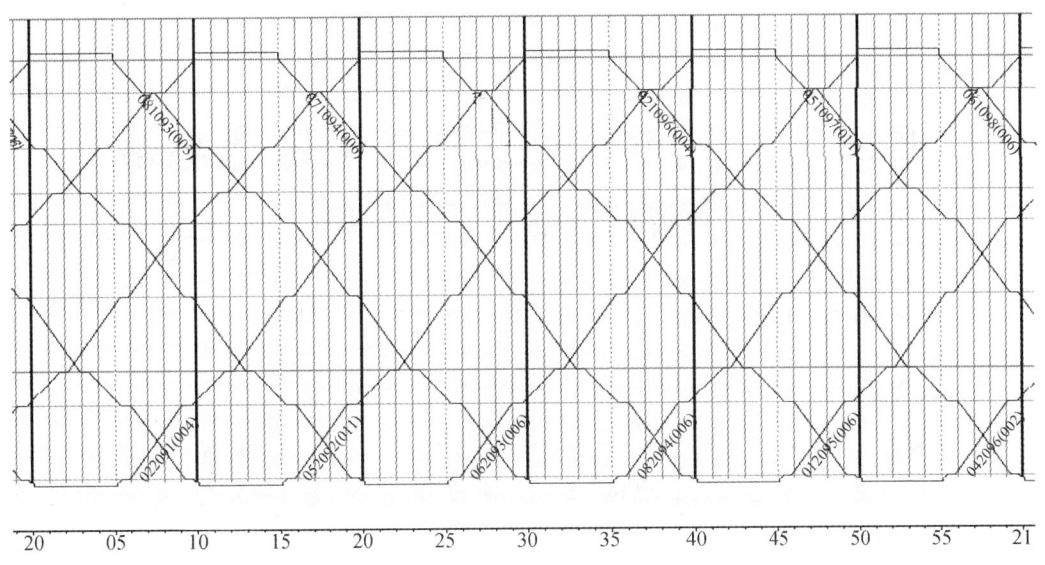

图 2-4-1 列车运行图

习 题

1. 列车车次号的组成及作用是什么?
2. 城市轨道交通的正常及非正常行车组织方式是什么?
3. ATC 系统的结构及功能是什么?
4. CBTC 系统的特点及工作原理是什么?
5. 正线信号机、道岔和轨道区段的命名方法是什么?
6. 正线联锁系统的组成包括哪些?
7. 正线联锁设备的基本功能有哪些?
8. 正线信号系统中地面设备的组成及作用是什么?
9. 列车在正线运行的各种驾驶模式及其特点是什么?
10. ATP 的技术条件和主要功能有哪些?
11. 列车司机运行中对车载信号系统的操作内容包括哪些?
12. ATS 系统的主要技术要求有哪些?
13. 中心 ATS、车站 ATS 系统的设备组成包括哪些?

项目三　城市轨道交通智能系统车站智能机电设备认知

一、项目描述

车站是城市轨道交通体系中的重要建筑物,是供乘客乘降、换乘和候车的场所。为了给乘客提供安全、便捷、舒适、清洁的候车环境,保证城市轨道交通的高效、安全运行,车站应设置相应的环控、消防、给排水、照明、电梯等机电设备。城市轨道交通智能系统的车站智能机电设备是城市轨道交通智能系统的重要组成部分,车站智能机电设备的智能化、信息化程度越来越高,需要更加专业的技术人才来进行操作。本项目主要阐述车站智能机电设备方面的内容,主要包括自动售检票系统、乘客信息服务系统、综合监控系统、广播系统、电扶梯系统、站台屏蔽门系统、通风空调系统、低压配电与照明系统、给排水系统、车站火灾防护与消防系统等。

二、教学目标

(一) 知识目标

掌握城市轨道交通车站智能机电设备的组成,并熟悉各个组成部分的功能和作用;了解各个组成部分的工作原理。

(二) 技能目标

能够正常使用自动售检票系统、乘客信息服务系统、广播系统和综合监控系统;能够正常操作电扶梯系统和处理电扶梯故障;能够正确操作站台屏蔽门系统和处理电扶梯故障;能够正常操作给排水与环控系统、通风与空调系统和低压配电与照明系统;能够完成车站火灾防护与消防系统的使用,保障车站的运营安全。

(三) 素质目标

培养学生的语言表达能力,培养学生严肃、认真、踏实肯干的工作态度和职业素养,使学生走入工作岗位后,谨记"安全第一",严格按照岗位规范进行操作,确保地铁车站机电设备的安全运行。

（四）案例导入

轨道交通区域内禁止吸烟，但是垃圾桶内烟头造成可燃物燃烧仍是引发火灾的主要原因。需提醒乘客，千万不能在地铁里吸烟，更不能乱扔烟头。其地铁站曾经发生过一起事件，乘客将未熄灭的烟头扔进了垃圾桶，引燃了物品，导致浓烟甚至明火产生，所幸民警及时处理才避免了火灾。根据《消防法》，在具有火灾、爆炸危险的场所吸烟、使用明火，可处以 5 日以下拘留及 500 元以下罚款；过失引起火灾的，可处以 10 日以上 15 日以下拘留。

任务一　自动售检票系统认知

一、自动售检票系统定义

自动售检票（AFC）系统是基于计算机、通信、自动控制等技术，实现轨道交通售票、检票、计费、收费、清分、管理等全过程的自动化系统。

二、自助服务功能

自动售检票系统主要由线路中央 AFC 系统、车站 AFC 系统、终端设备和车票四部分组成，其功能包括在原有人工售票的基础上，增设了自动购票机，实现了乘客自助购票，并可减少排队等候时间；增加了自动查询机的数量，方便乘客自助查询；增设了一卡通自动充值机，实现自助充值，方便乘客乘车。

三、自动售检票车票媒介

城市轨道交通专用车票种类：单程票、储值票、出站票、老人优惠票、员工票、测试票、非接触式智能卡、纪念票、备用票种等。

单程票可以在车站内由乘客操作的自动售票机和售票员操作的人工售检票机来出售。非接触式智能卡和出站票仅由票房人员通过人工售票机来出售。每台人工售票机控制两个乘客显示器，一个面向非付费区，一个面向付费区。

四、城市轨道交通车票维护

1. 问题车票

票房售票机将对问题车票进行分析，并进行更新处理，使其能重新在系统中正常使用。但对于黑名单车票、损坏车票，票房售票机将不能进行更新处理。

2. 退票

退票处理在车站的客服中心完成，票房售票机在完成退票处理后，将打印相关的处理结果或数据，有关的处理信息将传输到线路中央计算机。

3. 补票

乘客在乘车过程中发生车票遗失或车费不足而未能出闸时，应到客服中心办理补票手续。遗失车票的乘客将使用出站票出站。

五、AFC系统结构层次

城市轨道交通自动售检票系统共分为车票、车站终端设备、车站计算机系统、线路中央计算机系统、清分系统五个层次（见图3-1-1）。

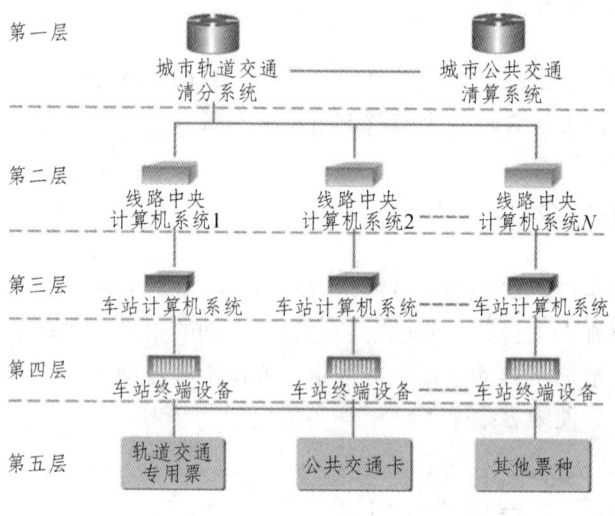

图3-1-1　AFC系统结构

六、AFC系统配置

（1）车站设备包括车站计算机（SC）、自动售票机（TVM）、半自动售票机（POST）、闸机（GATE）和便携式验票机（PVUU）。

（2）中央计算机系统包括数据中心、管理控制台、认证授权服务器（AC&CA）、中间件服务器、网络管理控制台、存档服务器、备份服务器、时钟中心和操作员工作站。

（3）介质处理工具，包括卡的初始化机。

（4）带有一套车站设备的维护和培训中心。

（5）地铁公司的数据中心（IDC），未来用于与中央计算机数据中心通信的子系统。

（6）地铁公司广域网，用来连接各车站的计算机到中央计算机。

七、AFC 系统运营模式

AFC 系统运营模式包括正常服务模式、关闭模式和暂停服务模式;设备故障模式;维修模式;离线运行模式;系统非正常运营模式;列车故障模式;进出站次序免检模式;乘车时间免检模式;车票日期免检模式;车费免检模式;紧急放行模式和设备维护管理。

八、车站设备应用

1. 自动售票机（TVM）

（1）TVM 简介。

TVM 为地铁自动售票机,是城市轨道交通自动售检票系统的重要组成部分（见图 3-1-2）。像自动售货机一样,TVM 可根据乘客的指令自动出票,它代替了人工售票,实现了机器的自动售票。TVM 主要由车票处理,纸币、硬币的识别、找零,乘客操作等单元组成（见图 3-1-3）。

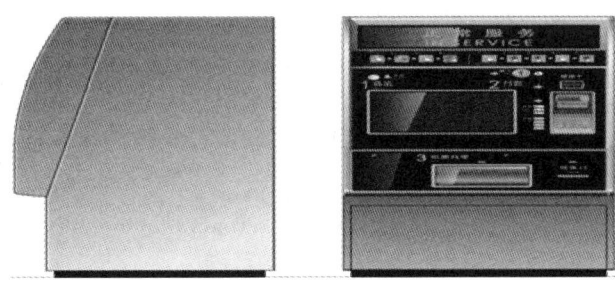

图 3-1-2　自动售票机

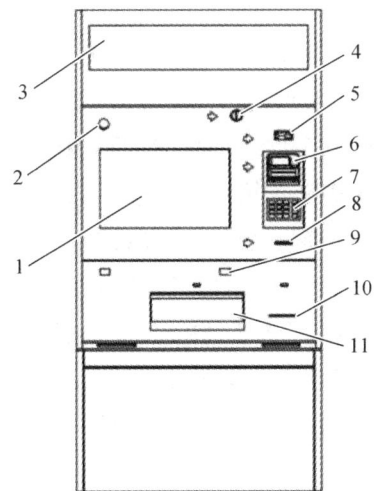

1—乘客显示器；2—招援按钮；3—运营状态显示器；4—硬币投币口；
5—储值卡口；6—纸币接收口；7—加密键盘；
8—银行卡口；9—人体接近感应仪；
10—凭条口；11—找零取票口。

图 3-1-3　自动售票机外部结构

TVM 内部模块主要有：功放模块、硬币模块、单程票发售模块、纸币接收模块、乘客显示屏、触摸屏、维护面板、单程票回收箱、硬币回收箱、工控模块、状态显示器、纸币找零模块、电源模块、读卡器、储值卡模块、打印机等（见图 3-1-4）。

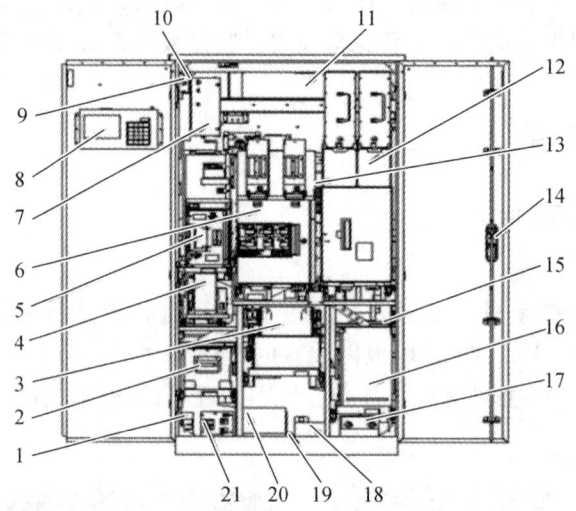

1—交换机漏电开关；2—硬币回收箱；3—纸币找零模块；4—凭条打印口；5—纸币接收模块；
6—纸币处理模块；7—工控机；8—后台维护模块；9—功放盒；10—报警器；
11—运营状态显示器；12—单程票处理模块；13—乘客显示器；
14—维修门锁；15—交换机；16—单程票回收箱；
17—光纤盒；18—电源接入线；
19—交换机电源；20—整机电源；
21—配电箱。

图 3-1-4　自动售票机内部模块图

（2）硬币钱箱操作包括以操作者的身份登录 TVM，然后打开前门；打开位于硬币处理系统较低位置的门；查看 AR030 中收取硬币的总金额；取出硬币，放入另外一个空的硬币箱，同时保证硬币箱顶部的小门处于打开状态；再次查看 AR030，硬币金额应该为 0；取回所有的硬币到点钞室；查看 AR031 里硬币钱箱的序列号。

（3）纸币钱箱操作包括以操作者的身份登录 TVM，然后打开前门；查看 AR050 中收取纸币的总金额；取出纸币，放入另外一个空的纸币箱并且锁上；再次查看 AR050，纸币金额应该为 0；取回所有的纸币到点钞室；查看 AR051 中的纸币钱箱的序列号。

（4）设备简单故障处理及注意事项：操作必须单台设备进行，而不能一次登录所有设备之后再逐一打开 TVM；及时取出堵塞的纸币；关门要正确；键盘摆放要求。

2. 闸机（AGM）

（1）AGM 简介。

AGM 安装在车站非付费区（Free Area）和付费区（Paid Area）之间，执行对进站乘车的乘客检票入站，而对准备离开车站的乘客进行检票出站（见图 3-1-5）。

图 3-1-5 闸机

闸机通过读取、验证非接触性智能卡和单程票来控制闸门的开合，从而达到控制乘客进出的目的。当进入时，乘客将智能卡或单程票放在闸机读写器上，对车票的有效性进行检查，使持有有效车票的乘客迅速通过设备，并禁止持有无效车票的乘客通过，同时提醒该乘客到售票处补票。读写器会扫描其中的内置电路，同时在闸门打开前验证并将新的信息加密到内置电路中。当离开时，乘客必须将智能卡放在闸机读写器上或将单程票投入投票口。读写器会再次扫描其中的内置电路，验证并将新的信息写入其中。之后，闸机会打开闸门让乘客离开。出站时，单程票被回收到设备中，储值票将扣减本次乘坐的车费，并允许下一次乘车继续使用。

根据其外观特点，闸机分为扇门闸机（Sliding Type Gate）和转杆闸机（Tripod Type Gate）；根据其功能特点，分为进闸机、出闸机、双向闸机（Reversible Gate）；按通道宽度分为标准通道闸机（520 mm）及特殊通道闸机/宽通道闸机（900 mm）。

闸机内部模块主要有：机芯控制板、乘客显示屏、综合控制器、工控单元、功放模块、PCM 板（通行控制单元）、读写器、电源箱、单程票回收机构、通行指示器（方向指示器）、导向标识、优惠报警灯、身高传感器、通行传感器等（见图 3-1-6）。

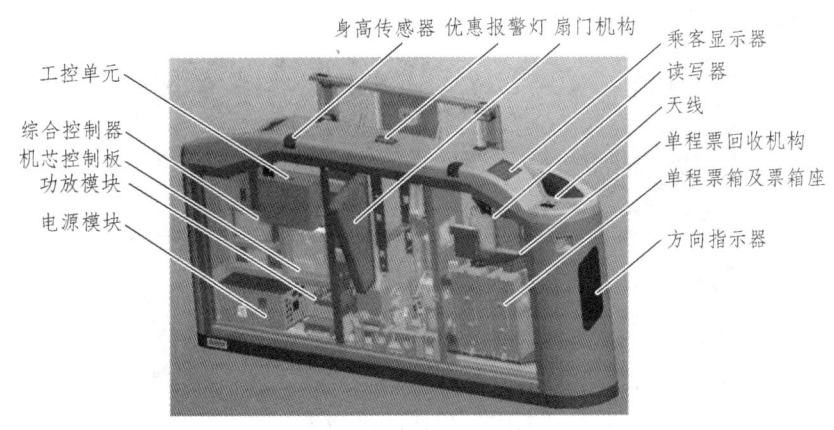

图 3-1-6 闸机内部模块

（2）闸机模式包括进站模式，用于进站闸机、双向闸机；出站模式，用于出站闸机、双向闸机；双向模式，用于双向闸机；暂停服务模式，设备故障自动转入此模式；车站关闭模式，关闭车站时使用；常闭模式，扇门常闭时选用此模式；常开模式，扇门常开时选用此模式。

(3)更换票箱操作流程包括：用闸机钥匙打开非付费区的维护门；站在黄线外用小键盘输入 123 并输入自己的个人密码直接进入换票箱界面；扇门完全打开后，通过通道，更换票箱；输入票箱号和票箱内所含单程票数；用小键盘恢复到暂停服务界面；关闭维护门。

3. 半自动售票机（BOM）简介

（1）BOM 简介。

半自动售票机由地铁工作人员操作，发售各种类型的车票，同时兼有补票、对车票进行查验和票据打印的功能。半自动售票机主要由综合控制器（含工业级计算机）、乘客显示屏（带触摸）、操作显示器、自动出票机、读写器与天线、票据打印机、键盘、鼠标及电源模块等构成。

半自动售票机的主要功能包括售票、补票、充值、修复、替换、退款、车票分析、车票处理、车票查询、收益管理、审核、报表、打印、操作员操作和间休等功能。半自动售票机通过网络与车站计算机（SC）连接，可以接收 SC 下达的各种参数和指令，也可以向 SC 及中央计算机系统（LCC）上传各种数据。

半自动售票机采用当前主流的操作系统，在稳定性、兼容性、运行速度上拥有良好的表现，并能提供优异的集成开发环境。半自动售票机的运行模式由 SC 进行设定和更改，并通过系统参数下载到设备实现工作模式的自动切换。

在功能上，半自动售票机具备离线/在线状态自动检测切换的能力。根据当前的线路状态，动态提供能够处理的功能。在线状态下，能够实时从 SC 下载各种参数、接收 SC 控制指令，并上传监控数据，根据预先设定的方式上传所处理的交易数据，与 SC 进行对账处理。离线状态下，除了提供需要的功能外，还可以保存本地运行数据的备份，在检测到网络恢复后，进行数据的上传和续传，并进行数据账目的核对。

BOM 的主要部件主要有：读卡器、乘客显示器、操作员显示器、钱箱、工控机、对讲设备、票据打印机、电源盒、工作台等。图 3-1-7 为 BOM 操作界面。

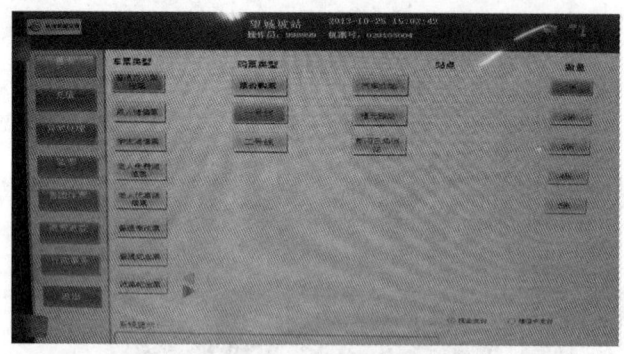

图 3-1-7　BOM 操作界面

（2）车票充值：车票分析正常，余值未达到参数设置的上限；车票为参数设置的允许充值类型；车票欠费或余值不足；车票无效但可进行更新。

（3）车票更新：在非付费区持未出站车票，应检查车票进站时间是否在参数设置的允许范围内以及车票进站地点是否为本站，若符合条件则进行免费更新，否则应收取该票种参数设置的金额；在付费区持未进站车票，操作员对车票进行更新，可通过参数设置确定是否收取一定的费用；在付费区持超时车票，应收取票种参数设置的超时收费金额，并通过票房售票机对车票进出状态及相关数据进行更新；在付费区车票超乘，应收取车费欠缺部分。

（4）车票替换：车票符合参数设置允许被替换的类型；车票符合回收条件，如过期、系统指定回收等；车票符合即时退款条件；车票为非即时退款处理，但余值（乘次）经确认。

（5）退款处理：车票为系统内合法的车票；车票余值或押金不为零；车票为参数设置允许退款的票种；车票不属于黑名单车票内规定不允许退款的车票；被退款的车票应更新其状态，车票在被退款后应不能使用；若车票可读但不能进行即时退款处理，或被损坏而不能读取编码信息，则车票应进行非即时退款处理；车票编号，读入或输入车票表面印刻编号；退款乘客个人资料。

（6）票务/行政处理：付费区内乘客失票，向乘客收取补票金额并向乘客补发出站票；在乘客投诉卡币及卡票时，向乘客收取补票金额并向乘客补发出站票；在对乘客进行行政罚款时，收取乘客的罚金；在优惠政策下，根据乘客优惠积分发放、发售车票或礼品。

（7）交易查询。

（8）现金/收益管理。

4. 自动验票机（TCM）简介

TCM 安装在非付费区，为乘客提供验票服务，满足轨道交通各类专用票卡的要求，同时具备公交 IC 卡、市民卡等的使用条件。

TCM 的乘客显示屏可以根据参数设置，定时显示指定信息。在没有乘客操作时，乘客显示屏可以自动播放预先录制的影音片段，可以向乘客宣传系统使用方法、公司通告以及操作指南等动画短片信息。自动播放的时间、频率、时间间隔可以通过参数下达设置。播放的影音片段可以通过线路中央计算机统一下载到全部 TCM 或指定 TCM 上。当乘客进行任何操作时，自动中断影音片段的播放并切换到相应的操作模式。

TCM 通过车站局域网与 SC 相连，接收系统运行的参数和 SC、LCC 的控制命令，以及上传设备状态等数据到 SC。

TCM 的主要部件主要有：读卡器、乘客显示器、功放模块、电源模块、触摸屏等。

5. 便携式手持验票机（PCA）简介

便携式手持验票机（PCA）作为便携式票卡信息查询终端机，由车站工作人员携带（见图 3-1-8），主要用于检验地铁储值票卡、单程票等，对发生异常情况的票卡进行查询处理，对最后使用信息、余额、有效期、黑名单等情况进行确认，以分析其原因。

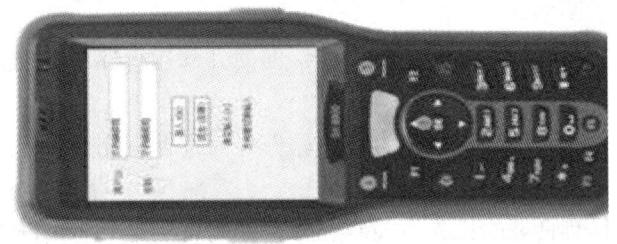

图 3-1-8　便携式手持验票机

6. 紧急按钮的使用

（1）车站如发生紧急情况如火灾、地震等，应使用车控室控制台上自动售检票系统专用紧急按钮，将紧急按钮从正常运行状态旋转到紧急状态即可。

（2）如果车站进行消防演习以及其他演练等，应使用车站计算机下发紧急按钮命令。

任务二　乘客信息系统认知

现代城市轨道交通系统的运营管理越来越注重对乘客服务质量的提高。乘客信息系统（PIS）与城市轨道交通信号系统相连接，是依托多媒体网络技术，以计算机系统为核心，以车站和车载显示终端为媒介向乘客提供信息服务的系统。在常态下，乘客信息系统为乘客提供乘车须知、列车到发时间、服务时间、列车时刻表、政府公告、出行参考、媒体新闻、股票信息、广告以及赛事直播等实时动态多媒体信息；在火灾、阻塞及恐怖袭击等非常态下，中断其他信息的播出，为旅客提供动态紧急疏散服务信息。合理使用乘客信息系统能提升地铁运营服务形象和服务质量，而且可以让乘客通过触摸屏自行查询气象信息、车站周边情况、换乘信息、新闻等各种资讯，为广大乘客提供一个便利的信息平台，同时也给城市轨道交通运营公司带来新的商机。

一、乘客信息系统基本要求

（1）注重系统的科学化、合理化。无论从软件体系开发、终端设备布置及发布的资讯内容等方面都充分考虑以人为本的要求，具备为乘客服务，便于操作人员管理、使用等特点。

（2）充分考虑城市轨道交通通信系统、导向标识等系统的接口设计，确定显示终端数量和位置，以满足乘客的需求，保证乘客既能及时得到所需讯息，又不与其他系统设备发生冲突和干扰。

（3）应考虑不同城市环境、不同城市轨道交通车站地理环境状况，甚至是不同的地域文化等特色，合理、有效地分布终端显示设备，规划信息显示，形成一套完善的地铁乘客信息系统。

（4）采用模块化的整体设计，各部件尽量遵从标准化、系列化和组合化的原则，也可以根据使用需求进行灵活调整。

（5）系统应对数据处理提供良好的容错性，即使外部运行环境出现异常，仍能保证系统正常工作。

（6）系统软件应具有可扩展性、兼容性，软件界面设计应充分考虑为运营维护人员提供便利。

（7）信息的显示具有良好的优先级控制和分区控制，满足紧急情况下的需要。

（8）车站视频及 LED 设备的显示效果应满足国家有关标准。

二、乘客信息系统的种类

（1）乘客信息系统从控制功能上分为中心播出控制层、车站播出控制层、车站播出设备及信息源四个层次。

（2）乘客信息系统从结构上分为控制中心子系统、备用控制中心子系统、车站子系统、车载子系统、网络子系统及广告制作子系统等。

三、乘客信息系统的组成

城市轨道交通乘客信息系统由信息源、车站播出设备和车载传输设备三部分组成。

（1）信息源是根据地铁运营要求接收采集公共信息、旅客信息、商业广告信息、移动电视接收信息、有线电视信息及时钟信号等，形成数据库接口。

（2）车站播出设备为 LCD 液晶显示屏。

（3）车载传输设备具有同一传送内容的断点续传功能，实现运行列车通过无线局域网及时有序地接收信息内容，并且车载设备利用车-地无线通信系统、有线传输网络将车上监视图像传递到控制中心。

四、乘客信息系统的功能

乘客信息系统功能包括实时信息显示、紧急疏散功能、综合信息发布功能、全数字传输功能、友好的操作界面及完善的播放机制、广告发布功能、时钟显示功能、对终端显示设备有广泛的兼容性和网管等功能。

五、乘客信息系统的接口

乘客信息系统的接口包括与 ATS 系统的接口、与综合监控系统的接口、与时钟系统的接口和其他接口。

六、乘客信息系统的发展趋势

随着城市信息化进程的推进，乘客信息系统的建立和功能拓展已经成为提升轨道交通服务水平的重要举措。同时，由于城市轨道交通已经逐步形成网络化运营态势，多条线路融会贯通，使得交汇点越来越多，势必对乘客信息发布的信息量、及时性、智能化以及网络化管理提出更高的要求。因此，在未来的乘客信息系统里，能进行大量不同类别的信息处理，显示清晰、明确，支持多种发布方式，支持智能化综合管理和协助应急处理将成为发展趋势。

任务三　综合监控系统认知

城市轨道交通运营管理需通过自动化系统完成列车运行的管理、车站站务的管理及设备运转的管理。

城市轨道交通综合监控系统（Intergrated Supervision Control System，ISCS），是一个高度集成的综合自动化监控系统，通过集成地铁多个主要弱电系统形成统一的监控层硬件平台和软件平台，从而实现对地铁主要弱电设备的集中监控和管理功能，实现对列车运行情况和客流统计数据的关联监视功能，最终实现相关各系统之间的信息共享和协调互动功能（见图3-3-1）。通过综合监控系统的统一用户界面，运营管理人员能够更加方便、有效地监管整条线路的运作情况。本任务将介绍综合监控系统的结构组成和功能、岗位设置及工作人员职责。

图3-3-1　综合监控系统

一、城市轨道交通综合监控系统的概念

2012年6月1日起实施的中国国家标准《城市轨道交通综合监控系统工程施工与质量验收规范》（GB/T 50732—2011）定义：城市轨道交通综合监控系统是对城市轨道交通线路中所有电力和机电设备进行监控的分层分布式计算机集成系统。它包含了内部的集成子系统，并与其他专业自动化系统互联，实现信息共享，促进城市轨道交通高效率运营。

集成子系统：完全集成在综合监控系统内的专业自动化子系统。子系统不需要提供操作界面，所有对子系统的操作完全通过综合监控系统的操作界面完成。集成子系统依赖综合监控系统实现正常操作功能。

互联系统：与城市轨道交通综合监控系统通过外部接口进行信息交互的、独立运行的专业自动化系统。子系统具有完整的操作界面和全套设备，可以脱离综合监控系统独立运行，完成正常和紧急操作。

二、城市轨道交通综合监控系统集成方案

城市轨道交通的实际运营需要多个专业自动化子系统相互协调配合，纵观国内外轨道交

通综合监控系统的建设情况，按照集成范围的不同可归纳总结如下四种集成方式，如表 3-3-1 所示。

表 3-3-1　城市轨道交通综合监控系统集成方案

集成方案	工程应用	集成情况
方案一：以行车调度指挥为核心的全集成方案	新加坡东北线、香港东铁、巴黎地铁、北京地铁 6 号线	集成 ATS、PSCADA、BAS；互联其他系统
方案二：以电调、环调为核心的适度集成方案	北京地铁 5、8、9、10、14、15、16、房山线、昌平、亦庄、海淀山后等，苏州地铁 1、2、4 号线，郑州地铁 1、2 号线	集成 PSCADA、BAS；互联其他系统
	广州地铁 3、4、5、6 号线，广佛线，北京机场线，天津地铁 2、3、4、5、6 号线	集成 PSCADA、BAS、FAS；互联其他系统
方案三：以 BAS 系统为核心、中心互联 PSCADA 系统的集成方案	南京地铁 3、4 及 6 号线机场段工程	集成 BAS；互联其他系统
方案四：利用各独立系统建立以综合信息共享为核心的集成方案	南京地铁 1 号线南延线及 2、10 号线	在各独立系统的基础上，在控制中心构建一套综合调度管理信息系统

轨道交通的运营主要通过列车自动监控系统（ATS）来实现对列车的行车指挥，通过综合监控系统（ISCS）来实现对机电设备和电力设备的监控。ATS 系统和 ISCS 系统相对独立，仅通过在控制中心互联的方式，交互少量数据。

以行车调度指挥为核心，集成信号系统的列车自动监控子系统（ATS）、电力监控（PSCADA）、环境与设备监控系统（BAS），实现集成系统的各级监控管理功能的全集成方案称为行车综合自动化系统（TIAS）。

三、综合监控系统（ISCS）的功能

综合监控系统提供的主要功能有：ISCS 的基本功能、电力监控功能和环境与设备监控功能。

四、行车综合自动化系统（TIAS）的功能

行车综合自动化系统（TIAS）的功能包括综合调度界面显示功能、列车操作控制功能、多专业综合控制功能和多专业联动功能。

五、综合监控系统的构成

典型的综合监控系统包括控制中心系统、各车站管理系统、停车场和车辆段监控系统、网络管理系统、设备管理系统以及培训管理系统等。

综合监控系统的最大设计特点就是三级调度、四级控制。三级调度指的是城市级指挥中心（如北京轨道交通指挥中心）、运行控制中心（OCC）和车站的三级调度；四级控制指的是城市级指挥中心、运行控制中心（OCC）、车站和就地级四级控制。一般对于一条轨道交通线路来说，综合监控系统包括中心和车站两级管理，中心、车站和就地级三级控制。

图 3-3-2 为综合监控系统的构成。

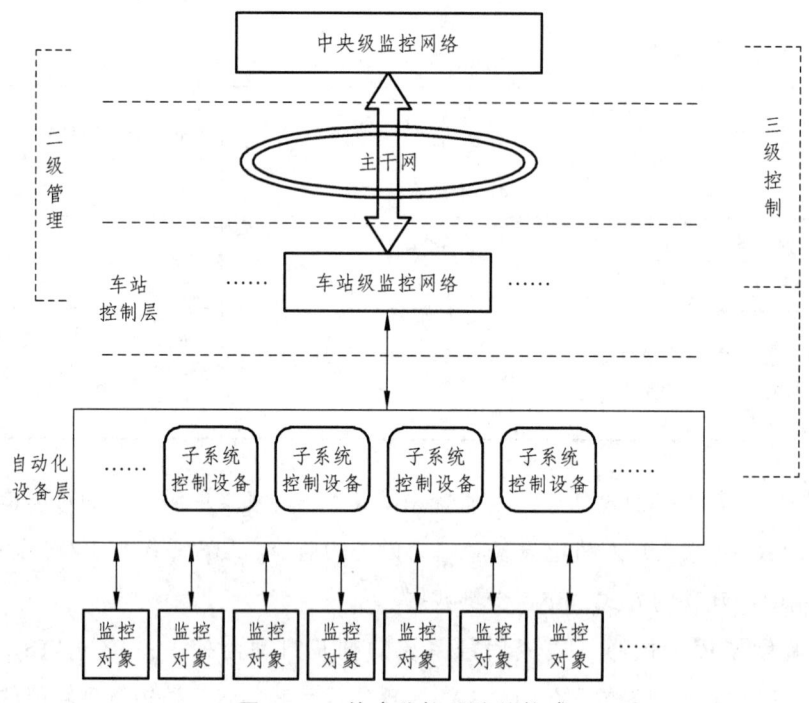

图 3-3-2 综合监控系统的构成

1. 中央级系统设置

中央级系统设置包括中央级设备配置、TCC 报送终端、网络管理系统和培训管理系统。

2. 车站级系统设置

车站级系统由冗余实时服务器、历史服务器、工作站（值班站长操作员工作站和值班操作员工作站）、前端处理器（又称互联开关、通信控制器，简称 FEP）、事件打印机、网络交换机、综合后备盘（IBP）和不间断电源（UPS）等构成。

综合后备盘（IBP）直接控制 PSCADA、BAS、FAS、ATS、ACS、AFC、PSD 系统的设备，实现特殊情况下的后备手动操作与监控功能。IBP 的主要功能是 PSCADA 紧急停止相邻供电臂区间的供电；环控设备系统模式控制；消防设备的紧急控制；ATS 的紧急停车、扣车和放行；ACS 的解禁与释放；AFC 闸机释放控制；屏蔽门的紧急控制。

3. 综合监控系统控制优先级

城市轨道交通运营分为正常运营模式和异常运营模式。

正常运营模式下综合监控系统控制的优先级为从上到下，监控点控制优先级由高到低的顺序是中心调度员、车站调度员、IBP 盘、设备现场。异常运营模式下系统控制的优先级为从下到上，监控点控制优先级由高到低的顺序是设备现场、IBP 盘、车站调度员、中心调度员。

综合监控系统的主要服务对象是控制中心的各专业调度员、停车场和车站的值班人员，相应地需配置电力调度员工作站、环境调度员工作站、行车调度员工作站、车辆检修调度员工作站、乘客调度员工作站、总调度员工作站、值班站长操作员工作站、值班员操作工作站和维调工作站等。

六、综合监控的系统中各岗位的职责

1. 中心级工作站岗位设置

1）中心级工作站的功能

行车综合自动化系统在运行控制中心（OCC）和停车场后备中心均配置中央级工作站，主要监控职能有：实现集成系统的原有调度工作的全部功能；监视各互联子系统的信息；监视全线环境、灾害、乘客、供电及车站主要设备的运行情况；根据不同的情况启动相应的预设工作模式，实现全线各子系统的联动控制；具有网络管理功能；具有设备维护管理功能；向轨道交通指挥中心（TCC）传送预定全线数据，接收 TCC 信息。

2）各工作站职责

（1）总调度员操作工作站。

正常情况下，总调度员操作工作站将负责 TIAS 各集成与互联子系统的调度管理工作，协调相关调度员操作工作站之间的配合工作，监视各系统设备的运行状态和各调度员操作工作站工作状态。当发生火灾时，根据现场实际情况制定相关的应急处理措施，及时决策，并监督防灾指挥完成各项程序，有效指挥。

（2）供电系统调度员操作工作站。

主要负责对主变电所、牵引降压所、跟随所、降压所的断路器和隔离开关进行监控，对设备的状态、电压、电流和功率等实时信息进行监控，具有紧急断电功能，实现变电所 CCTV 视频监控。

（3）环境调度员操作工作站。

主要负责对车站的暖通空调、低压配电与动力照明、给排水、电梯系统、PIS、广播系统（PA）、CCTV、PSD 和 FAS 的监视与控制，以及列车位置、AFC 设备工作状态和客流信息的监视。

（4）行车调度员操作工作站。

主要负责对全线在线列车运行信息和信号设备信息的监视、列车信息管理、运行图在线管理及线路运行管理等，完成控制区域选择、跳车、扣车、进路等命令；对 PA、CCTV

和地面集群无线电（TETRA）等通信系统的控制和操作；行车调度员操作工作站可控制和选择 PA、无线 TETRA 台和 CCTV 图像监视，也能够进行 CCTV 在大屏幕显示系统上的监视模式的选择。行车调度员操作工作站可监视 PSD 的运行状态、时钟和客流以及接触轨带电信息等内容。

（5）车辆检修调度员操作工作站。

主要负责对车辆各子系统发送的主要设备报警信息、维修信息的收集和管理，组织指挥对车辆设备的维修工作，针对各种可能发生的突发事件，编制事故抢修、灾害救援方案，由突发事件触发调出相应处理预案，快速处理故障，减轻事故及灾害影响范围。

（6）乘客调度员操作工作站。

主要负责处理在线列车与乘客相关的事件，当在线列车发生突发事件时，安抚和疏导乘客，保证乘客的人身安全。

（7）维修调度员操作工作站。

主要负责自动或手动完成各子系统发送的主要设备报警信息、维修信息的收集和管理，做好维护管理工作，组织指挥定期或临时的现场设备的维修工作，针对各种可能发生的突发事件，编制事故抢修、灾害救援方案，由突发事件触发调出相应处理预案，快速处理故障，减轻事故及灾害的影响范围。

3）各调度员工作职责

（1）总调度员的职责。

总调度员是行车综合自动化系统的调度总负责，主要主持日常的调度管理工作，协调系统内各业务调度台的日常工作。总调度员上对中心主任，下对各业务台，横向与其他相关台相互联系。

（2）行车调度员的职责。

行车调度员负责按照公司的有关规定，指挥和协调行车各岗位的运作，组织实施各种行车工作计划，确保行车工作的正常进行；按照《运营时刻表》监控列车开行，确保列车运行安全、准点；监控各种行车设备运作，处理运营中出现的紧急情况。

（3）维修管理调度员的职责。

维修管理调度员负责行车综合自动化系统维修调度管理。维修管理调度员上对总调度员，下对各车站监控台，横向与其他相关台相互联系。

（4）供电调度员的职责。

供电调度员负责对全线的供电系统设施进行监控管理，对供电设备进行远程操作，完成供电系统的停电、送电操作，监视供电系统的运行状态，指挥正常的检修作业和事故抢修作业，配合防灾指挥台完成对突发事件的处理工作等。供电调度员上对总调度员，下对各车站监控台，横向与其他相关台相互联系。

（5）环控调度员的职责。

机电调度员负责对全线的机电系统设施进行监控管理，对所辖区域消防设施进行监控管理等。在火灾发生时，自动成为灾害总指挥，组织协调与相关业务台的配合，实现地铁灾害模式控制等。在阻塞发生时，配合 OCC 指挥中心，监视现场相关设备的运行状态，根据实际情况，制定有关方案等。机电调度员上对总调度员，下对各车站监控台，横向与其他相关台相互联系。后期，可根据运营需求，机电调度员兼任维修管理调度员和电力调度员。

（6）乘客调度员的职责。

乘客调度员负责处理在线列车上与乘客相关的事件，当在线列车发生突发事件时，通过列车广播或乘客对讲安抚和疏导乘客，保证乘客的人身安全。

（7）车辆检修调度员的职责。

车辆检修调度员负责对车辆各子系统发送的主要设备报警信息、维修信息进行收集和管理，组织指挥对车辆设备的维修工作，针对各种可能发生的突发事件，编制事故抢修、灾害救援方案，由突发事件触发调出相应处理预案，快速处理故障，减轻事故及灾害的影响范围。

2. 车站级工作站岗位设置

1）车站级工作站的功能

车站级工作站位于车站综控室，主要监控职能有：实现集成系统的原有调度工作的全部功能，监视各互联系统的信息，监视车站管辖范围内的环境、灾害、乘客、供电及车站主要设备的运行情况。

车站 TIAS 提供两种不同用途的监控操作站，包括车站值班站长操作工作站和车站值班员操作工作站。车站值班站长操作工作站：为车站值班站长及行车值班人员提供车站设备系统（含信号设备）的状态，控制与信号、运营相关的重要设备的运行；车站值班员操作工作站：为机电值班人员或维修人员提供机电设备的状态，控制机电设备的运行。

2）各工作站职责

（1）值班站长操作员工作站：主要负责上传与下载控制中心的各种指令，监视与控制本车站的机电设备（BAS、FAS、PIS、通信、AFC 和 PSD）的工作状态、故障报警，并完成车站机电设备控制操作、各种设备的运行时间累计、切换运行模式等。

（2）值班员操作员工作站：主要负责对车站 PA、CCTV 和无线 TETRA 等通信系统的控制和操作；可控制和选择 PA、无线 TETRA 台和 CCTV 图像监视等。

3）车站值班员工作职责

车站值班员由车站控制室的值班人员兼职对车站设备进行全面监视和控制：正常工况下监控设备正常操作和日常维护；在接收控制中心调度命令的情况下，可根据相关规定，完成相关系统设备的监控操作；紧急情况下根据现场的情况，值班人员可直接操作 IBP 盘，完成对相关设备的控制操作。

3. IBP 盘的操作

1）IBP 盘的构成

IBP 盘一般由上下两部分组成：上层部分为 IBP 盘面，主要设置指示灯和按钮，用于显示设备运行状态和控制操作；下层部分为设备操作台，主要放置各专业系统的设备，如显示器、调度电话、监视器以及相关的辅助设备（见图 3-3-3）。

图 3-3-3 IBP 盘

2）IBP 盘的主要功能

（1）供电系统功能区。

供电系统功能区，通过 IBP 盘上的紧急停电按钮，实现对本站相邻供电分区的接触轨进行断电操作，并将停电信号在 IBP 盘上反馈（见图 3-3-4）。

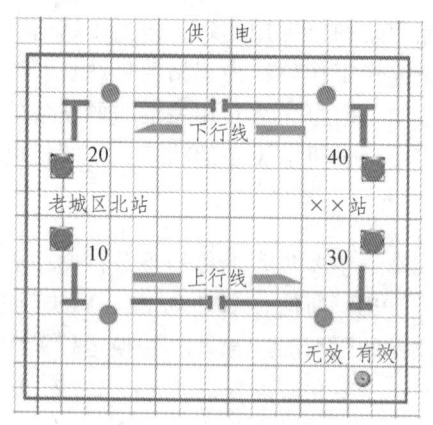

图 3-3-4 供电系统功能区

（2）环境与设备监控系统功能区。

环境与设备监控系统功能区分车站紧急通风功能区和隧道紧急通风功能区（见图 3-3-5 和图 3-3-6），控制隧道通风、车站通风，监控车站及区间内的防排烟风机等设备。其运行模式有消防联动和阻塞模式等。

（3）自动售检票系统（AFC）功能区。

自动售检票系统功能区，监视自动售检票系统的服务状态，IBP 盘上设置的紧急释放按钮与车站 AFC 设备连接，紧急情况下将本站所有闸机开启，便于乘客疏散（见图 3-3-7）。

（4）屏蔽门系统（PSD）功能区。

屏蔽门系统功能区，在紧急情况发生时（如滑动门与车体之间存在异物，列车正常到站滑动门无法打开，火灾、阻塞需紧急疏散等紧急情况），通过 IBP 盘的屏蔽门紧急开启按钮，实现对滑动门的紧急开启功能（见图 3-3-8）。

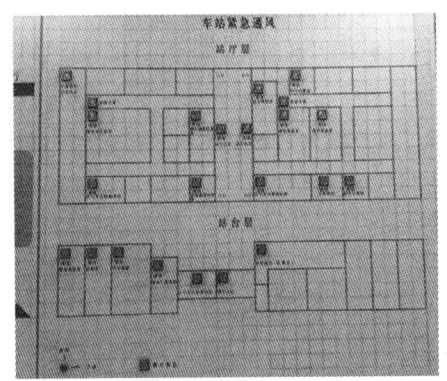 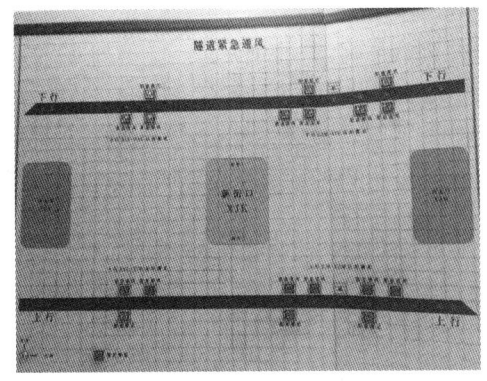

图 3-3-5 车站紧急通风功能区　　　图 3-3-6 隧道紧急通风功能区

（5）火灾自动报警系统（FAS）功能区。

火灾自动报警系统功能区，监视消防泵、专用排烟风机等消防设备的运行状态，启停消防泵、专用排烟风机等消防设备（见图 3-3-9）。

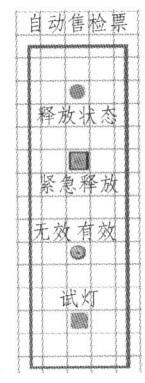 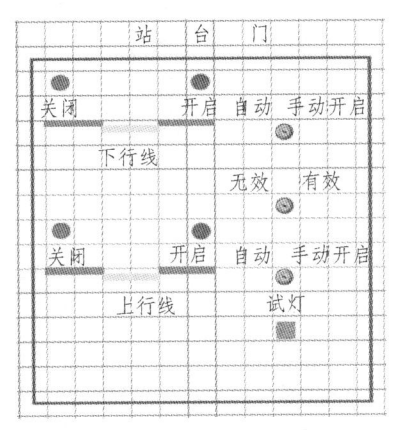

图 3-3-7　AFC 功能区　　　图 3-3-8　PSD 功能区

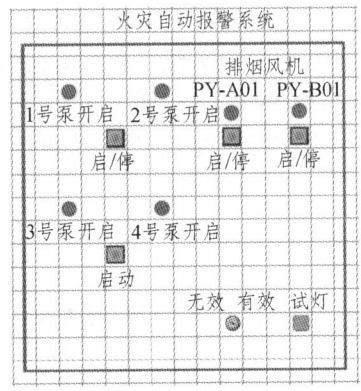

图 3-3-9　FAS 功能区

（6）信号系统功能区。

信号系统功能区，紧急情况时，通过紧急关闭按钮，实现信号系统信号机的紧急关闭，实现列车在自动状态下的紧急停车，防止列车进站。当危险信号解除时，通过紧急关闭复原按钮，进行信号系统的恢复，使得列车恢复到正常运行状态（见图3-3-10）。

（7）门禁系统功能区。

门禁系统功能区，在火灾、恐怖袭击等紧急情况下，对本站相应区域门禁系统电锁的紧急断电（或称为门锁释放），便于运营人员和乘客逃离危险区域。

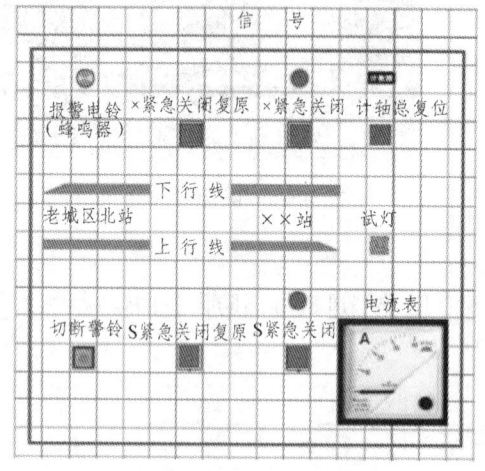

图3-3-10　信号系统功能区

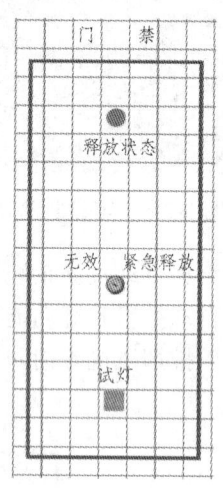

图3-3-11　门禁系统功能区

任务四　广播系统认知

广播系统是城市轨道交通运营行车组织的必要手段，能为乘客及工作人员提供语音信息播报服务。它是将各种语音信息传递到用户的一种通信方式，具有快速响应的能力。城市轨道交通系统需要更多、更便捷的广播系统为乘客提供服务。

城市轨道交通中使用的广播系统可以通过控制中心的操作终端指挥整条线路的广播，使整条线路的每个车站的广播系统既独立又成为统一的整体，如广州地铁1号线采用的广播系统是德国西门子AG提供的VARIODYN3000系列，其主要功能是向乘客发布有关时间、列车延时、车次变动、行车安全、紧急情况及突发事件等信息。

一、广播系统的功能

广播系统的功能包括对乘客广播、对运营人员广播和防灾广播。

对乘客广播是通知乘客安全状况、列车到站、列车离站、列车误点、线路换乘、时刻表变更等信息，还可播放音乐以改善候车环境，或发生意外情况时疏导乘客。其广播范围包括站台、站厅及列车车厢等场所。

对运营人员广播主要是发布有关的通知消息，使有关工作人员协同配合工作，其广播范围包括站台、站厅、办公区、隧道、车辆段范围内的运用库、段内道岔群附近及人行道等。

防灾广播是遇突发或紧急情况时，组织指挥事故抢险，提高应急响应能力的重要手段。

二、广播系统控制级别

广播系统主要由控制中心广播、车站广播和车辆段广播三级组成，为了运营防灾的需要，控制中心环控调度员有最高优先权。控制中心播音控制台上输出的语音信号和控制信息，经过光传输系统传到各个车站，由车站广播控制设备接收。车站设备根据中心发来的指令，控制启动车站广播执行装置，语音经放大均衡后播送到指定的广播区域。

三、广播系统设备组成

1. 车站广播系统

在中央控制室配置有三个广播播音台，即列车调度播音台、电力调度播音台、环境控制调度播音台。

控制中心广播系统可以实现以下播音功能：对所有车站的所有区域通过键盘选择后进行播音；对每个运行方向的站台通过键盘选择后进行播音；对每个车站的所有广播区域通过键盘选择后进行播音；对全部车站的各个广播区域通过键盘选择后进行播音。

2. 控制中心广播系统

控制中心广播系统主要由行车调度广播台、电力调度广播台、环控调度广播台、中心广播控制终端、中心广播控制台、中心广播机柜设备、中心网络管理服务器及控制中心广播设备（控制器、语音信号处理器等）组成。

任务五　电扶梯系统认知

在城市轨道交通系统中，自动扶梯和垂直电梯都是向上或向下输送乘客的固定电力驱动设备（见图 3-5-1 和图 3-5-2）。

图 3-5-1　自动扶梯

图 3-5-2　垂直电梯

一、自动扶梯

自动扶梯是由一台特种结构形式的链式输送机及两台特殊结构形式的胶带输送机组合而成，带有循环运动梯路，用以在建筑物的不同楼层间向上或向下倾斜输送乘客的固定电力驱动设备（见图3-5-3）。

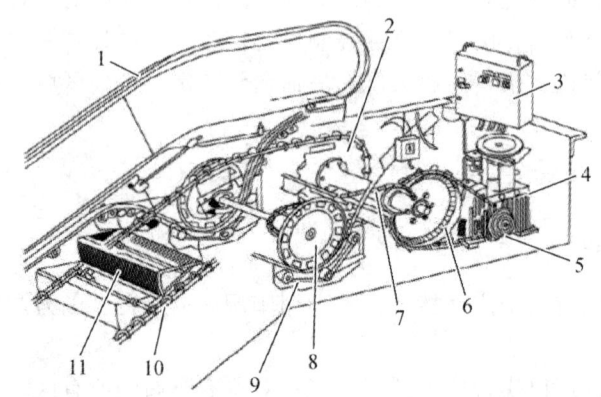

1—扶手胶带；2—牵引链轮；3—控制箱；4—驱动机组；5—传动链轮；
6—传动链条；7—驱动主轴；8—扶手驱动轮；
9—扶手胶带压紧装置；10—梯级链条；
11—梯级。

图3-5-3 自动扶梯结构

自动扶梯的用途主要是解决乘客的快速疏散，即列车到达后，大量的乘客从候车站台向地面站厅疏解。以前乘客的上下只能依赖于楼梯，而自动扶梯则提供了一种自动输送乘客的途径，满足了乘客对沉降舒适度的要求。

优点：输送能力大，效率高，能连续运送乘客，特别适用于有大量人流汇集与疏解的场所；可逆转，上、下行都能运转，以满足不同场所的需要，甚至可以实现在车站从候车站台到地面出入口的连续输送；与一般电梯不同，当停电或重要零件损坏需停电时，又可用作普通扶梯。

缺点：其构成有水平区段，会产生附加的能量损失；同时，提升高度较大时，乘客在自动扶梯上停留的时间会较长。

1. 自动扶梯的工作原理

一系列的梯级与两根牵引链条连接在一起，沿一定线路布置的导轨上运行即形成梯路。牵引链条绕过上牵引链轮和下张紧装置并通过上、下分支的若干直线、曲线区段构成闭合环路。闭合环路的上分支中的各个梯级应保持水平，以供乘客能稳定站立，上牵引链轮通过减速器等与电动机相连以获得动力。扶梯两侧装有与梯路同步运行的扶手装置，以供乘客扶握；扶手装置也由电动机驱动。为了保证自动扶梯上乘客的绝对安全，要求装设多种安全装置（见图3-5-4）。

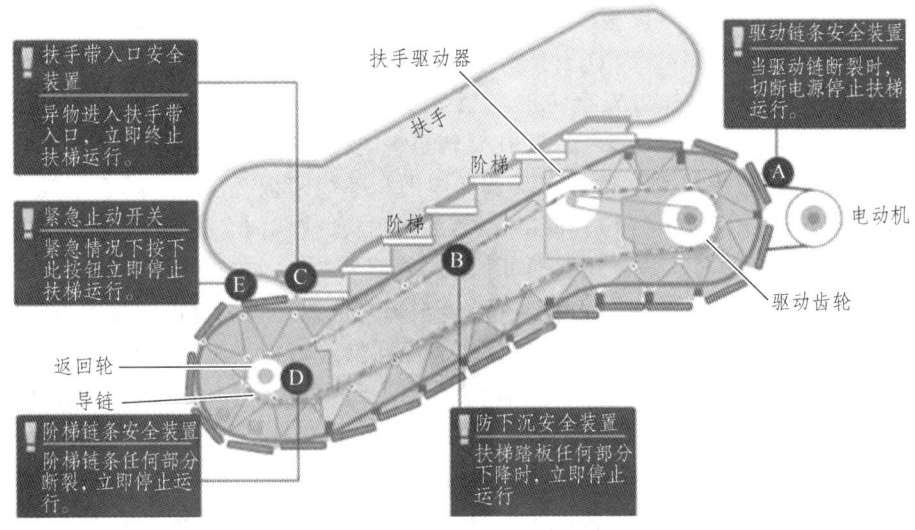

图 3-5-4 自动扶梯的工作原理

2. 自动扶梯的分类

（1）按扶手装饰分类。

全透明式：指扶手护壁板采用全透明的玻璃制作的自动扶梯。

不透明式：指扶手护壁板采用不透明的金属或其他材料制成的自动扶梯。

半透明式：指扶手护壁板为半透明的，如采用半透明玻璃等材料的扶手护壁板。

（2）按梯级驱动方式分类。

链条式：指驱动梯级元件为链条的自动扶梯。

齿条式：指驱动梯级元件为齿条的自动扶梯。

（3）按提升高度分类。

小提升高度自动扶梯：提升高度 3～10 m。

中提升高度自动扶梯：提升高度 10～45 m。

大提升高度自动扶梯：提升高度 45～65 m。

3. 自动扶梯的操作方法

（1）在每次开启扶梯前应将扶梯电源接通，开启扶梯两侧护栏的照明；每日开始正常工作前，必须使扶梯上下各空载行驶一个周期，检查有无异常现象；检查和试验其外部设备，用眼睛能看到安全开关、停止按钮等；清洁扶梯的梯阶、梳齿、地台板及可见部分。

（2）扶梯正常行驶时注意事项：扶梯的运载能力，不应超过扶梯的额定运载量；不允许把扶梯作为载货使用；不允许装运易燃、易爆的危险物品；如遇特殊情况，需经有关部门批准采取安全保护措施；劝阻乘客切勿沿梯奔跑、嬉戏或坐在踏板上；劝告乘客不要扶、趴在扶栏上；劝导乘客在搭乘扶梯时需紧握扶手带；劝导乘客切勿停滞在上或下地台板处。

（3）扶梯安全开启步骤："查看"——车站站务人员检查自动扶梯出入口、平台盖板、梯级踏板、扶手带、梳齿板、毛刷等部位的清洁及安全运行情况；确认并去除自动扶梯上、下端夹在梳齿部位及梯级踏板上的果核、小石子、口香糖、螺丝等妨碍自动扶梯运行的异物；确认自动扶梯周围的安全设施（三角警示牌、合格证有效期等）无破损等异状；确认自动扶梯已经通电（扶梯入口处 LED 板亮），如未通电，则通知机电人员打开电源开关。"防护"——确认无人乘梯后，做好安全防护。"上行操作"——如需上行，将钥匙插入"警鸣/停止"开关，拨向停止方向保持 2~3 s，在旋转至警鸣位置时鸣响警笛，发出声信号警示周围人员注意自动扶梯将要启动；确认自动扶梯周围和梯级踏板上没人，将钥匙插入"上行/下行"开关，旋转至上行"UP"位置保持 2~3 s，使自动扶梯向上运行，自动扶梯则开始工作；松开钥匙使其自动复位，拔出钥匙即可。"下行操作"——如需下行，将钥匙插入"警鸣/停止"开关，拨向停止方向保持 2~3 s，在旋转至警鸣位置时鸣响警笛，发出声信号警示周围人员注意自动扶梯将要启动；确认自动扶梯周围和梯级踏板上没人，将钥匙插入"上行/下行"开关，旋转至下行"DOWN"位置保持 2~3 s，使自动扶梯向下运行，自动扶梯则开始工作；松开钥匙使其自动复位，拔出钥匙即可。"反方向操作"——如需在运行中改变自动扶梯的运行方向，需将钥匙插入"警鸣/停止"开关，旋转至停止"STOP"位置保持 2~3 s，把自动扶梯完全停止下来，再参照自动扶梯的开启方法，按新的运行方向开启自动扶梯。"确认"——自动扶梯启动时应密切留意自动扶梯的运行情况，启动后须现场确认观察自动扶梯至少运行一周。试乘自动扶梯，确认自动扶梯速度、运行无异常情况后才能离开。试乘过程中一旦发现电扶梯垂梯有异常声音、振动或扶手带、梯级运行不正常，应立即按下"紧急停止按钮"，停止自动扶梯运行，做好安全防护，摆放暂停服务牌，并通知专业人员检修。

（4）自动扶梯停梯步骤："确认"——在确认自动扶梯上没有乘客的情况下，做好安全防护，才可以停止自动扶梯的运行；"操作"——在确认自动扶梯入口和梯级踏板上无人后，将钥匙插入"警鸣/停止"开关内，旋转至停止"STOP"位置保持 2~3 s，直至自动扶梯完全停止下来，拔出钥匙即可。

（5）自动扶梯简单故障诊断：查看扶梯运行指示灯是否点亮，以确认供电是否正常；仔细检查上下端齿板及扶手带圆弧下端黑色橡胶封口有无卡夹杂物（如石子、螺丝、小棍等），清理后可试开；试开必须开上行，如需开下行，需待上行启动正常后，再停梯换向开行；不能启动的或启动后有异响的应立即按紧急停止按钮，并报修。

4. 自动扶梯的运行管理

（1）应急处理：指设备出现异常或客伤等事故时，由运行管理人员（车站值班员）根据突发事件应急方案进行处理，并按照规定通知维修人员。

（2）故障报告：观察设备的运行状态，若发现异常，应及时将故障情况报告给环境调度员（简称环调），再由环调组织专业人员进行维修。

（3）设备监管：对设备的正确使用进行监管，防止乘客违规使用。

（4）运行操作：对设备的启动和停止运行进行操作。

另外，为满足残疾乘客等特殊人群的需要，保证他们正常出行，车站内应配备一定数量的楼梯升降机。

二、垂直电梯

（1）垂直电梯开启操作："看"——车站站务人员检查厅门周围有无障碍物，确保电梯各个楼层的出入口通畅；现场确认电梯无影响安全运行的情况。"操作"——做好现场安全防护，在电梯基站用电梯的专用钥匙插入"驻停/运行"锁内，将电梯锁拧至运行位置启动电梯；查看电梯门外楼层显示是否正常。"检查"——待电梯自动完成运行前自检后，电梯到达基站，可以使用外呼按钮使电梯到达开梯层待厅门轿厢门打开后，进入轿厢检查轿厢内的照明、通风、内呼按钮、安全触板开关（红外线）是否工作正常；将电梯空载上下行驶数次，判断运行方向、楼层显示与实际操作是否一致。"试乘"——检查电梯至各层检查运行是否有异响或异味；检查电梯各个楼层的出入口是否通畅，电梯开关门是否顺畅；检查厅门和轿门地槛、地槛槽及电梯轿厢内无妨碍电梯运行的异物（如有，应予以清除）；查看电梯内外显示、语音提示、紧急通话装置是否正常（如有异常，及时通知综合机电部）。"正常运营"——做好上述工作后，电梯方可投入使用。如在检查过程中发现异常情况，车站立即关停垂直电梯，设置安全防护，摆放暂停服务牌，立即上报 OCC 及机电调度，待专业人员检查确认正常后才能开启。

（2）垂直电梯驻停（停止）操作："防护"——做好现场安全防护，确保乘客在停梯时不误入电梯轿厢内。"操作"——检查轿厢内外情况，做好清洁工作后，在电梯基站将钥匙插入"驻停/运行"操作开关，并旋转至驻停的位置。"确认"——电梯在接收到锁梯信号后，将不再响应其余呼梯信号。"关闭"——电梯锁好后，可使用电梯外呼按钮确认电梯是否正常锁好，如发现异常，及时通知综合机电部处理。锁停人员一定要在电梯执行完锁梯命令后，等电梯门全部关好，并确认轿厢内无人员后方可离开现场。

三、地铁车站电扶梯系统常见故障处理

1. 自动扶梯紧急制动

自动扶梯在运营期间难免会发生许多意外事故，如突然间改变运行方向或加速运行，乘客在乘坐电梯时会突然摔倒、掉落物品或夹住手指、衣物等。发生意外时，工作人员应紧急停止自动扶梯运行，以防发生重大事故。为了能在发生紧急事故时紧急停止自动扶梯，自动扶梯上设有紧急制动器，在发生意外时，工作人员可操作自动扶梯上、下端部的"紧急停止"按钮，具体操作步骤如下：

（1）使用"紧急停止"按钮前，首先通知乘客"紧急停止扶梯，请站稳抓住扶手"。
（2）然后迅速按下红色"紧急停止"按钮，按钮凹下并自锁。
（3）事故处理完毕后，再次按压"紧急停止"按钮，按钮凸起，解除紧急停止状态，继而恢复电梯正常运营。

2. 电扶梯系统客伤应急处理

（1）现场发现或接收到扶梯发生人员伤亡事故的信息后，相关人员应立即到现场进行处理。
（2）大声通知乘客"电扶梯即将紧急停止，请抓住扶手站稳"后，按下紧急停止按钮。
（3）请现场人员协助当事人，将当事人平抬出扶梯，并挽留至少一名目击者作为证人。如果没有合适的证人，当事人也需留下证词。

（4）维持现场秩序，封锁现场。

（5）确认当事人的伤势情况是否严重，根据具体情况进行紧急救助。

（6）通过录音、拍照等方式对现场进行取证。

（7）报调度部、站务部、安质部、保险公司及医务等部门。

（8）请当事人、目击证人填写《事件经过登记表》，当事人书面陈述时因身体状况及其他客观因素必须由他人代写时，需经当事人同意，书写完毕后由双方签字或按手印确认。

（9）车站工作人员按规定格式填写《事情经过登记表》后报站务中心，由站务中心审核，并填写《客伤事件报告表》，将原件在事发之日起两个工作日内按层级报安质部。

3. 电梯困人应急处理

1）信息报告流程和内容

行车值班员在接到电梯轿厢内乘客被困报警电话或者通过 BAS 及轿厢内视频监控设备发现故障制停的电梯轿厢内有乘客时，应立即向环控调度报告事故发生的时间、地点、被困人员情况、事故是否由设备断电及电梯故障造成等信息。

2）应急处置操作

（1）站务人员发现电梯困人后，应通过电梯轿厢内紧急电话安抚受困人员并了解现场情况，主要包括被困人数、身体状况、应急照明是否正常、风扇工作是否正常、受困经过等，告诫受困人员不要自行扒撬轿门，应紧握扶手，背靠轿壁站立，劝慰受困人员保持冷静，耐心等待维修人员救援。

（2）在救援组及外委维保公司赶到现场前，站务人员将"电梯故障，暂停使用"警示牌放置于事故电梯各层厅门口处，以防非相关人员接近操作事故电梯。同时，用锁梯钥匙关闭电梯，并携带好全套电梯专用钥匙、对讲机及两根尼龙救援绳在困人电梯的顶层厅门外等待电梯救援小组到达施救。

（3）电梯使用管理人员在等待救援队伍到达现场过程中，应持续通过轿厢内监视摄像头观察轿厢内的情况，并继续安抚乘客。如发现有受伤或体弱发病的乘客，应提前拨打120急救电话，使受困人员解救后能及时得到救治。

（4）电梯困人救援组到达现场后，站务人员应配合救援组使用安全护栏在厅门处隔离出满足救援需要的安全区域；车控室行车值班员应为救援组提供电梯给 BAS 反馈的故障信息以及轿厢内乘客状态以配合救援；值班站长在受困乘客安全救出后，向控制中心报告。

任务六 站台屏蔽门系统认知

站台屏蔽门系统是一个集建筑、机械、电子、信号、控制、装饰灯学科于一体的综合性门系统，是设置在地铁或轻轨车站站台边缘，将站台区域与列车运行区域相互隔开的设备。列车进出站门系统随着列车车门的开闭而自动同步开闭。设置站台屏蔽门系统的主要目的是防止人员跌落轨道产生意外事故，为乘客提供一个安全、舒适的候车环境，提高地铁的服务水平。但在日常的运营管理中，站务人员经常面临屏蔽门不能开启、关闭等情况。本任务将详细介绍屏蔽门的结构组成、控制方式及故障处理。

一、屏蔽门系统概述

1. 屏蔽门分类

1）全封闭式屏蔽门

全封闭式屏蔽门一般用于地下车站站台，门体顶箱上部与站厅顶面之间由支撑结构和盖板密封，多用于设有空调系统的站台。

2）开放式屏蔽门

（1）全高式屏蔽门：主要安装于地下车站站台，门体结构超过人体高度，门体顶部距离站厅顶面之间有一段不封闭空间，不具有密封性能的轨道交通站台屏蔽门。其总体高度为2 050 mm。

（2）半高式屏蔽门：主要安装于地面或高架车站，门体结构不超过人体高度，不具有密封性能，其总体高度一般为1 200～1 500 mm，实现人车之间的隔离。

2. 屏蔽门系统的组成

屏蔽门系统由机械和电气两部分构成，机械部分包括门体结构和门机系统，电气部分包括电源和控制系统（见图3-6-1）。

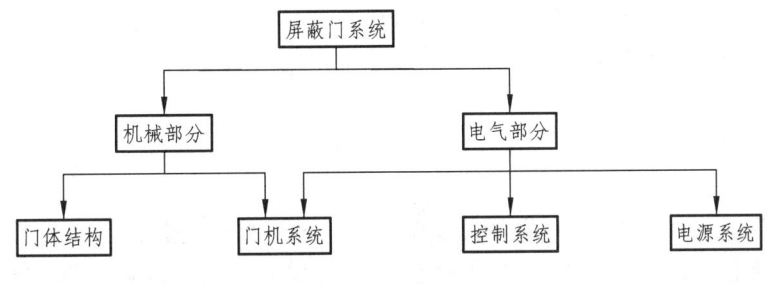

图3-6-1 屏蔽门系统组成

1）屏蔽门门体

屏蔽门门体是车站站台公共区与列车轨行区的隔离屏障，门体结构主要由支撑结构、滑动门、固定门、应急门、端门、门槛、顶箱等组成（见图3-6-2）。

（1）支撑结构。

屏蔽门支撑结构包括底部支承部件、门梁、立柱、顶部自动伸缩装置，顶部和底部采用绝缘安装。全高屏蔽门的支撑结构仅与站台板固定，底部采用绝缘安装。支撑结构承受全高屏蔽门的垂直荷载、隧道通风系统产生的风压、列车运行活塞风形成的正负方向水平荷载、乘客挤压力和振动等荷载。

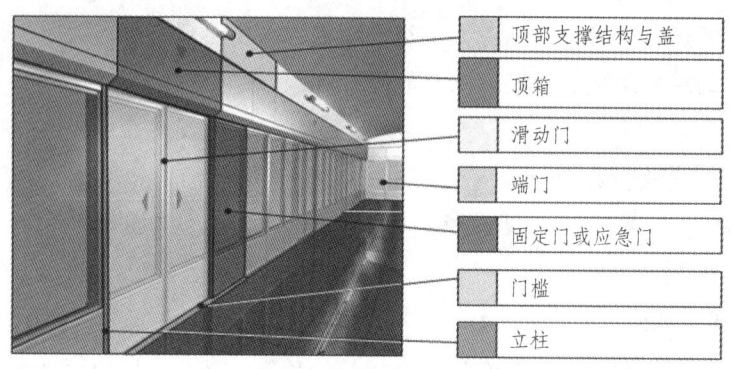

图 3-6-2　屏蔽门门体

（2）门槛。

门槛有固定门门槛和滑动门门槛等。固定门门槛承受固定门的垂直荷载，滑动门门槛承受乘客荷载，门槛采用不锈钢材质。门槛结构中有滑动导槽，与滑动门配合滑动自如。门槛的作用是保护乘客经过时不发生摔倒，同时其与站台板进行绝缘固定，以防止乘客触电。

（3）顶箱。

顶箱内设置有屏蔽门的驱动机构、锁紧及解锁装置、门控单元、配电端子箱、导轨、滑轮拖板组及顶梁等部件。顶箱对上述部件起密封保护作用，并便于安装调试和维护检修。顶箱的前盖板兼作车站导向指示牌和站台边缘光带反射板。

（4）滑动门（ASD）。

滑动门在正常运行时是乘客上下车的通道，也是列车在车站隧道内发生火灾或故障时乘客的疏散通道；滑动门在轨道侧设有开门把手，当系统级控制和站台级控制失败时，乘客可从轨侧用开门把手将门打开；滑动门在站台侧设钥匙孔，站台工作人员可用钥匙进行手动操作；滑动门的数量和开度与列车客室车门的数量及开度相匹配。

（5）固定门（FIX）。

固定门为不可开启的门体，位于两滑动门之间。

（6）应急门（EED）。

应急门是紧急情况下列车进站无法对准滑动门时的乘客疏散通道；应急门上设门锁装置，可用钥匙从站台侧开启，也可在轨侧使用开门手柄将门向站台侧旋转 90° 平开；应急门和滑动门一样，也是安全回路的一部分，即门开时安全回路断开，门关闭后安全回路接通。只有在安全回路接通时，列车才可以被允许离站。

（7）端门（MSD）。

端门位于站台的两个端头，垂直于站台边线，设在列车司机门和客室门之间，将乘客区与设备区分隔开；端门是列车在区间隧道火灾或故障时的乘客疏散通道，也是车站工作人员进出站台公共区的通道；端门上设门锁装置，其开启方式与应急门相同。

2）屏蔽门门机

屏蔽门门机是滑动门的驱动机构，主要由电机、传动装置、导轨与滑块组成、锁紧及解锁装置、行程开关和位置检测装置等组成（见图 3-6-3）。

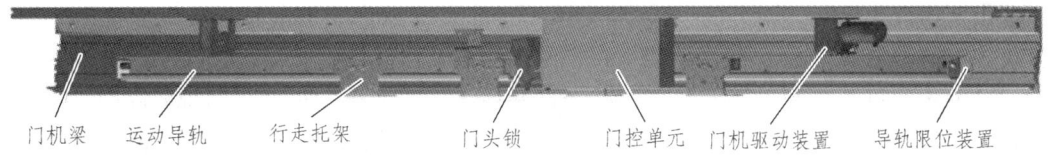

图 3-6-3 屏蔽门门机

3）屏蔽门电源系统

屏蔽门电源系统主要包括驱动电源和控制电源。

驱动电源和控制电源用电为一级负荷；由动力照明系统通过设在屏蔽门设备室内双电源切换箱提供驱动电源（AC 380 V）和控制电源（AC 220 V）各两路（一主一备）。

驱动电源主要由三相隔离变压器、不间断电源（UPS）、馈线回路等构成，以完成馈电及外部电源故障后供电的功能。控制电源主要由不间断电源（UPS）、单相隔离变压器、监控模块（带液晶显示屏）、绝缘监测模块、馈电单元及软件等构成，以完成外部电源停电后供电的功能。控制电源和驱动电源采用相互独立的 UPS。

二、屏蔽门控制系统

屏蔽门控制系统具有控制功能和监测功能，主要是对屏蔽门的开/关门进行控制，保证滑动门的开/关门与列车车门的开/关门动作一致。

控制系统主要由中央接口盘（PSC）、就地控制盘（PSL）、门控单元（DCU）、就地控制盒（LCB）、远程状态监视终端（PSA）以及屏蔽门上方的声光报警装置等设备组成。

每侧站台屏蔽门由一套完整的子系统控制，一个完整的控制子系统包括屏蔽门单元控制器（PEDC）、门控单元（DCU）组、就地控制盘（PSL）、远程监视盘（PSA）以及与其他系统的接口。屏蔽门系统中，单个门单元的故障不会影响其他门单元的运动，整侧屏蔽门的故障不会影响其他系统的运行。

1. 主要部件

（1）中央接口盘（PSC）。

中央接口盘（PSC）是整个屏蔽门控制系统的核心，位于车站屏蔽门设备室内（见图 3-6-4）。屏蔽门设备室内有 PSC 机柜、驱动电源柜、蓄电池柜各一台。

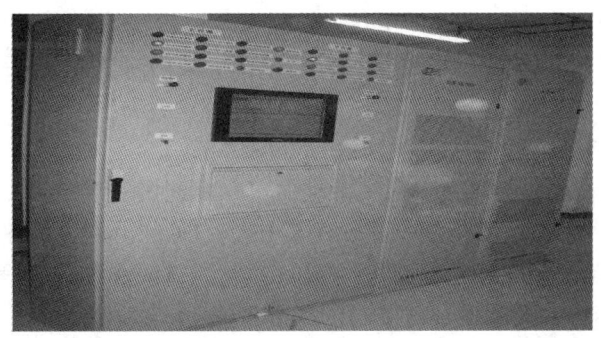

图 3-6-4 中央接口盘

在正常情况下，系统处于自动状态，PSC 接收信号系统发出的信号，对屏蔽门进行控制，同时反馈门状态信号给信号系统。如果在手动状态下，PSC 接收就地控制盘（PSL）发出的信号，对屏蔽门进行控制，同时反馈门状态信号给 PSL。当单个滑动门出现故障时，由它们各自顶箱内的 LCB 控制门的开关。在紧急情况下，屏蔽门还要 IBP 盘发出的信号，一旦 IBP 发出信号，PSC 优先执行 IBP 信号。

（2）就地控制盘（PSL）。

每侧站台列车前进方向发车端设置一个 PSL。PSL 安装在非公共区与轨行方向平行的设备房墙壁上，方便司机在驾驶室瞭望，或出离驾驶室进行操作。PSL 操作优先级别高于系统级控制，且控制系统单元的损坏不影响 PSL 对屏蔽门进行操作。

屏蔽门没有关闭且锁紧，列车是不能离站的，如果某个屏蔽门出现故障，PSL 通过钥匙开关，人为发出互锁解除信号，取代屏蔽门的关闭且锁紧信号，使列车能够离站。测试按钮，主要是用来检查盘面上的指示灯是否有故障，当按下测试按钮时，指示灯会点亮。

（3）综合后备盘（IBP）。

综控室的综合后备盘（IBP）上安装屏蔽门操作开关。IBP 盘的控制模式是以每侧屏蔽门为独立的控制对象。在车站紧急情况下（如火灾），在车站控制室操作 IBP 盘上的开门按钮，打开滑动门，滑动门完全打开后，PSC 面板、PSL 盘、IBP 盘上的开门指示灯亮（见图 3-6-5）。

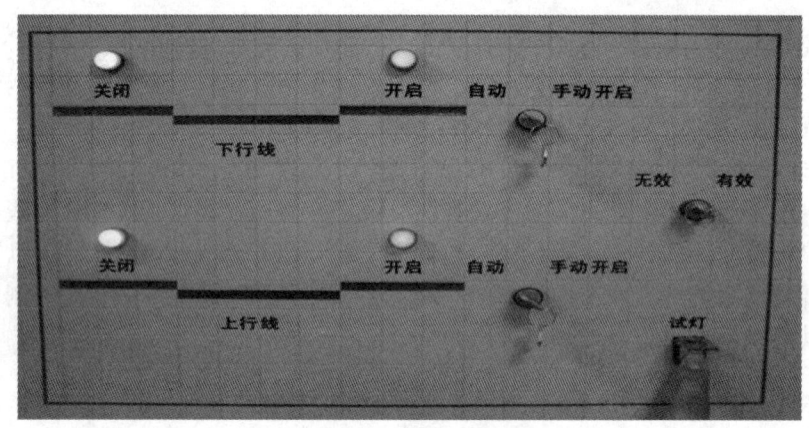

图 3-6-5 综合后备盘

在 IBP 盘上设置有开门状态指示灯、关门状态指示灯、自动/手动转换开关、无效/有效转换开关。当无效/有效转换开关处于无效位时，转动自动/手动转换开关至手动开启位置无效；若此时将上行方向的无效/有效转换开关转到有效位，转动自动/手动转换开关至手动开启位置，则上行屏蔽门整列打开，若不继续发出单侧屏蔽门应急开门命令，则将自动/手动转换开关转到自动位。

（4）门控单元（DCU）。

DCU 是屏蔽门电机的控制装置，每个滑动门单元都配置一个 DCU，控制两门扇的动作，同时采集屏蔽门的各种状态、故障信息并发送至 PSC。DCU 由中央处理器、存储单元、接口单元、电机的驱动电路及相关软件等组成。DCU 执行系统级和站台级设备发来的控制命令。个别 DCU 故障时，不影响同侧其他屏蔽门的正常工作。

图 3-6-6 为门控单元的功能。

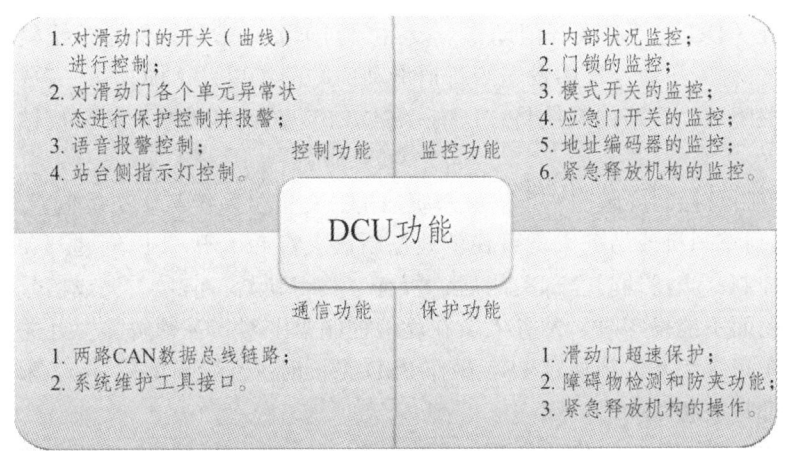

图 3-6-6 门控单元的功能

（5）就地控制盒（LCB）。

每个滑动门上方顶箱内均配有一个 LCB，便于工作人员（站务及维修人员）对单扇滑动门就地操作。就地控制盒 LCB 一般设"自动、关门、开门、隔离"四位钥匙（见图 3-6-7），钥匙从"关门"位顺时针旋转为"开门"位，再顺时针旋转为"隔离"位，从"隔离"位再顺时针旋转为"自动"位，钥匙只有在自动位时可取出。

三位钥匙"自动、手动、隔离"如图 3-6-8 所示。当转换开关处于"手动"位置时，维修人员可操作屏蔽门顶箱内的开关门按钮，进行手动操作。当转换开关处于"自动"位置时，允许门控单元接收中央控制盘的"开门命令"与"关门命令"。当转换开关处于"隔离"位置时，单个滑动门单元与系统隔离，隔断本单元的电力供应，不影响整个系统的正常工作，便于维修。

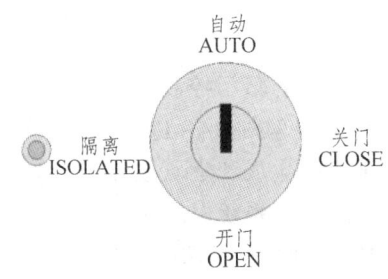

图 3-6-7 四位钥匙

图 3-6-8 三位钥匙

2. 主要功能

1）控制功能

控制系统具有系统级控制、站台级控制、就地级控制共三级五种控制方式，五种控制方式如下。

（1）信号系统控制屏蔽门：当信号系统通信正常，列车到站停车位置达到精度要求，信号系统发出开门命令给屏蔽门中央控制盘（PSC），再由 PSC 将开门命令集中发送给每道滑动门的门控单元（DCU），完成开门动作。反之，列车要离站时，信号系统发出关门命令给 PSC，再由 PSC 将关门命令集中发送给每道滑动门的门控单元（DCU），完成关门动作。当所有滑动门都关闭后，屏蔽门系统将"所有 ASD/EED 关闭且锁紧"信号反馈给信号系统，允许列车离站。

（2）就地控制盘控制屏蔽门：当信号系统故障，在信号系统与中央控制盘开/关门指令界面故障状态下，列车司机或站务人员可在就地控制盘上将 PSL 开/关门钥匙开关转到相应位置进行门的开关控制；当滑动门全部关闭后，所有"关闭锁紧"信号丢失或信号系统无法确认屏蔽门是否锁闭而不能发车时，站务人员在就地控制盘上对"互锁解除"开关进行互锁解除操作，保证列车正常发车。当通过 PSL 操作 PSD 系统时（互锁解除除外），来自信号系统的开、关门命令都将被忽略。

（3）IBP 盘控制屏蔽门操作：在车站紧急情况下（如火灾），在车站控制室操作 IBP 盘上的钥匙开关打到开门位。紧急级控制是由车控室的值班人员，经授权后在紧急控制盘上对 PSD 进行紧急开门或关门的控制。本命令属于紧急状态下的紧急开门命令，优先级高于 PSL 控制和系统级控制。当通过 IBP 操作 PSD 系统时，来自信号系统（SIG）与 PSL 的开、关门命令都将被忽略。

（4）就地控制盒控制屏蔽门操作：每个门单元中无论发生网络通信故障、电源故障、DCU 故障、门机故障以及其他故障，均可通过就地控制盒 LCB 使单元隔离，切断电源，从而不影响整个系统的正常工作。此时被操作的 ASD 隔离于其他任何控制系统（来自信号系统、PSL、IBP 的开、关门命令均被忽略）。

（5）手动解锁控制屏蔽门：手动操作是站台工作人员或乘客对屏蔽门进行的操作。当系统电源或个别屏蔽门操作机构发生故障时，站台工作人员可在站台侧用钥匙开/关屏蔽门，或者乘客可在轨道侧操作屏蔽门开门把手打开屏蔽门。这一机械操作开门过程的优先级高于所有电气控制方式。

2）监视功能

屏蔽门单元中所有设备的状态信息均通过现场总线传达到每个屏蔽门控制子系统的 PSC 上。PSC 将屏蔽门的所有状态及故障信息通过与 BAS 的接口传送到车站 BAS 进行状态显示、故障报警、数据记录和查询，并可根据运营需要进行月、季报表的生成和运营故障记录等。BAS 对屏蔽门只监不控。屏蔽门运行的关键状态及故障信息由 BAS 系统发送到全线控制中心 BAS 服务器，并上传到综合故障报警中心，同时利用远程监视设备（PSA）就可从 PSC 上查询到所监视设备的当前状态。

三、运营开始前检查工作

1. 门体检查

对每扇屏蔽门进行目测检查，检查玻璃是否有碎裂，滑动门、应急门、端门是否关闭并锁紧，滑动门旁是否堆放物品，并检查地槛缝隙是否有杂物。

2. 检查操作就地控制盘（PSL）

操作 PSL 开启、关闭屏蔽门至少 3 次，按压指示灯测试按钮，所有指示灯应全亮；在所有滑动门、应急门和端门都关闭的情况下，关闭锁紧指示灯应该常亮；操作互锁解除钥匙开关，互锁解除指示灯应该亮起；用 PSL 进行开门和关门操作。

3. 综控员操作

包括在车控室检查屏蔽门远程监视工作站状态是否正常；IBP 上屏蔽门钥匙应打到"禁止"位（运营期间保持此位置，严禁拔下钥匙），上、下行屏蔽门全开和全关指示灯应显示正常；屏蔽门钥匙交站务员签收。

四、屏蔽门管理注意事项

屏蔽门管理注意事项包括综控员通过 BAS 监控工作站和 PSA 监视屏蔽门的运行情况。列车到站时要及时广播，提醒乘客注意上下车安全。如发现异常，通知站台安全员，迅速排除故障；当列车门与屏蔽门关闭后，发现之间夹有物体或人时，及时赶到夹有物体或人的屏蔽门处将物体或人拉出屏蔽门，并迅速手动关闭屏蔽门；屏蔽门系统故障时，列车需要紧急发车，接到行车调度命令后，在 PSL 上使用互锁解除开关，操作时用力要均匀，待列车开出该车站且看不到列车时，方可松开；车站人员（因各种门故障原因）如需使屏蔽门处于常开或常闭状态，必须将该扇屏蔽门 LCB 模式开关打到手动位，并加强监控和防护设施，以免影响安全行车；运营期间严禁任何人员在正常运营列车进出站时打开端门或应急门；在清洁屏蔽门门体、地槛和导槽时，不得使底座绝缘套受到潮湿，否则会导致屏蔽门绝缘失效；在站台边缘装卸重物时，勿使屏蔽门门槛承受超过 225 kg 的载荷，否则会使屏蔽门门槛变形。

五、屏蔽门钥匙管理

车站站务人员负责屏蔽门钥匙的保管。专用钥匙严禁给除专业的设备操作、管理和维修人员之外的其他人员借出和使用；专用钥匙使用人员应严格遵守相关管理规定，妥善保管钥匙。在持有专用钥匙期间，严禁私自借给他人使用，严禁私自复制、修理和改造；在使用完毕后，应按时归还给专用钥匙指定保管人员。

六、屏蔽门故障应急处理

常见的故障类型以及处理方法如下。

两挡及以下滑动门不能正常开启处理办法：报告车控室，并引导乘客从其他开启的滑动门上下车；将 LCB 开关操作至"关门"位置旁路该故障滑动门；确认乘客上下完毕及站台安全后向司机显示"好了"信号，待列车离开站台后，在故障滑动门处设置防护区域，粘贴告示，加强监控。

两挡及以上滑动门不能正常开启处理方法：报告车控室，引导乘客从其他开启的滑动门上下车；必须保证每节车厢至少有1挡对应的滑动门供乘客上下车，不能满足以上条件时，人工操作故障滑动门开关；确认乘客上下完毕及站台安全后向司机显示"好了"信号。待列车离开站台后，在故障滑动门处设置防护区域，粘贴告示，加强监控；若故障门未能及时恢复或旁路，确认乘客上下完毕、站台安全后，车站人员在PSL上将"PSL互锁解除"打到"开"位，直到列车尾部出清站台区域外不少于50 m。故障滑动门抢修时应加强安全防护，确保行车安全，并配合机电人员维修；抢修完毕后向车控室报告；确认故障滑动门恢复正常后，撤除防护及故障告示；观察两趟列车联动开关滑动门的情况。

两挡及以下滑动门不能正常关闭处理方法：若有障碍物阻挡，则及时清除，观察滑动门使其自动关闭；如不能及时清除障碍物，则报告车控室，将故障滑动门旋转到"关门"位置，此时滑动门仍不能关闭时以人工方式关闭滑动门；若非异物阻挡，则直接将故障门LCB开关操作至"关门"位置，此时滑动门仍不能关闭时以人工方式关闭滑动门；确认乘客上下完毕、站台安全后，向司机显示"好了"信号，待列车离开站台后，在故障滑动门处设置防护区域，粘贴告示，加强监控。

两挡及以上滑动门不能正常关闭处理方法：报告车控室，让乘客离开开启的滑动门，操作PSL互锁解除，确保站台安全后，向司机显示"好了"信号；待列车离开站台后，采取人工方式关闭故障滑动门；若连续多挡滑动门故障时，保证每节车厢至少有1挡对应的滑动门供乘客上下车，并在故障滑动门处设置防护区域，粘贴告示，加强监控，引导乘客从可以正常开启的滑动门上下车；故障未修复时，凭车控室指令，使用互锁解除接发列车；对已打开的滑动门进行防护，防止乘客落入轨行区，确认乘客上下完毕、站台安全后，向司机显示"好了"信号。

滑动门夹人夹物的故障处理方法：发现屏蔽门夹人夹物且没有自动弹开释放，立即就近按压紧急停车按钮，在去按压紧停按钮的途中，向司机端显示紧急停车手信号，同时向车控室汇报；赶到事发滑动门处，及时清除障碍物，观察滑动门使其自动关闭。如不能及时清除障碍物，应立即汇报车控室，将LCB旋转到"开门"位置或者手动打开滑动门，清除障碍物；清除障碍物后，将LCB旋转到"关门"位置，若此时滑动门不能正常关闭或门头状态指示灯出现故障报警时，可将LCB旋转到"开门"位置再旋转到"关门"位置，确保滑动门关闭锁紧；障碍物清除后，乘客安全回到站台，并关闭屏蔽门，确认站台安全后（如有按压紧停按钮，通知车控室复位紧急停车按钮），向司机显示"好了"信号，报车控室；故障滑动门关闭锁紧后利用下一趟列车进站停稳时将LCB旋转至"自动"位置进行联动测试，检查确认整侧屏蔽门关闭锁紧信号；确认整侧屏蔽门关闭锁紧信号无异常后，连续观察两趟滑动门在信号系统控制下开关正常后，将LCB钥匙拔出即可；若使用LCB无法正常关闭故障滑动门时，将LCB置于"关门"位置，采用人工推的方式关闭滑动门，并设置防护区域，粘贴告示，加强监控，引导乘客上下车；同时将故障情况汇报车控室，通知机电调度安排专业人员检修；抢修完毕后向车控室报告，故障滑动门恢复正常后，撤除防护及故障告示；后续观察两趟列车联动开关滑动门的情况。

整侧滑动门不能打开故障处理方法：发现整侧滑动门不能打开，立即通知车控室；接到车控室手动开关滑动门的指令后，人工开关滑动门，保证每节车厢至少有1挡对应的滑动门供乘客上下车，做好站台安全监控，引导乘客上下车；相关人员接到屏蔽门故障通知后，尽快到达故障点支援协助；确认乘客上下车完毕，对乘客自行打开的屏蔽门进行恢复，对故障屏蔽门进行安全防护，确认站台安全后，向司机显示"好了"信号，引导客流从专人开关的滑动门上下车，并粘贴故障告示；若乘客自行打开的滑动门无法及时恢复或旁路，通知车控室，凭车控室指令执行相关操作；故障滑动门抢修时应加强安全防护，确保行车安全，并配合机电人员维修；抢修完毕后，向车控室报告；故障滑动门恢复正常后，撤除故障告示，后续观察两趟列车联动开关滑动门的情况；若列车执行跳站时，做好站台客流引导等工作。

  整侧滑动门不能关闭故障处理方法：发现整侧滑动门不能关闭，立即通知车控室；相关人员接到屏蔽门故障通知后，尽快到达故障点协助；列车车门关闭时，引导站台乘客远离滑动门，防止乘客抢上抢下；车门关闭后，确认站台安全，向司机显示"好了"信号，并密切注意站台乘客的动态，确保乘客安全；列车离开站台后，加强对站台的监控，防止在没有客车停站时乘客靠近开启的屏蔽门掉下轨行区；手动关闭故障滑动门，每节车厢至少保留1挡滑动门手动开关，供乘客上下车，并对故障屏蔽门粘贴告示；故障修复前，接车控室通知操作互锁解除接发后续列车；故障屏蔽门抢修时应加强安全防护，确保行车安全，并配合机电人员维修，抢修完毕后向车控室报告。

  屏蔽门玻璃破碎时的处理方法：若列车停在车站时滑动门玻璃破碎，将故障滑动门关闭，将LCB打至关门位，在故障滑动门处设置防护区域，粘贴告示，加强监控；若列车未进车站时滑动门玻璃破碎，立即按压紧急停车按钮，将LCB打至关门位，在故障滑动门处设置防护区域，粘贴告示牌，加强监控；若列车停在车站时固定门/应急门/端门玻璃破碎，在故障固定门/应急门/端门处设置防护区域，粘贴告示，加强监控；若列车未进车站时固定门/应急门玻璃破碎，立即按压紧急停车按钮，在故障固定门/应急门处设置防护区域，粘贴告示，加强监控；若列车未进车站时端门玻璃破碎，破碎的玻璃已掉落轨行区，立即按压紧急停车按钮，在故障端门处设置防护区域，粘贴告示，加强监控；滑动门、固定门、应急门、端门破碎的玻璃掉落到站台，应马上进行清理；掉落到轨行区的玻璃，不影响行车时，向车控室汇报，运营结束后清理，并加强监控；掉落到轨行区的玻璃影响行车时，立即通知车控室向行车调度员请点进入轨行区清理，清理完毕后向车控室汇报。

  屏蔽门玻璃龟裂时的处理方法：若滑动门玻璃龟裂，应将故障滑动门关闭，将LCB打至关门位，并将相邻的滑动门保持常开；若固定门/应急门玻璃龟裂，应将相邻的滑动门保持常开；若端门玻璃龟裂，应将端门保持常开并固定好门扇。使用封箱胶纸将滑动门、固定门、应急门、端门龟裂的玻璃粘贴住；在故障滑动门、固定门、应急门相邻的滑动门及故障端门处设置防护区域，在故障屏蔽门处粘贴告示，加强监控。

任务七　通风与空调系统认知

  城市轨道交通中有非常多的地下车站，地下车站及区间隧道是狭长的地下建筑，仅以出入口、送排风口与外界相通。由于特殊的建筑形式和列车运行，使得地铁环境具有如下特点：列车运行过程中产生大量的热被带入车站；地铁列车运行时产生活塞效应，若不能合理利用，易干扰车站的气流组织，影响车站的负荷；列车及各种设备的运行产生的噪声不易消除，对乘客造成很大影响；地层具有蓄热作用，随着运营时间的增加，地铁系统内部的温度会逐年升高；当发生火灾事故时，将导致环境恶化，不易救援。

因此，采用地铁通风空调系统来保障乘客和工作人员的舒适安全，保障机电设备的正常运行。《地铁设计规范》要求："地铁的通风与空调系统应保证其内部空气环境的空气质量、温度、湿度、气流组织、气流速度和噪声等均能满足人员的生理及心理条件要求和设备正常运转的需要"。本任务将详细介绍地铁通风空调系统的构成、主要设备和控制运行，并要求学生完成紧急状态下通风空调系统的操作。

一、通风空调系统的功能

地铁车站的通风空调系统是指在地铁车站（站厅、站台、出入口通道）、区间隧道、车站内设备及管理用房进行空气环境处理，通过通风系统和空调系统对区域内的温度和湿度进行调节，满足车站和列车正常运行。

通风空调系统的功能：正常情况下，排除余湿、余热，保证地铁内部空气环境在规定标准范围内，为乘客和工作人员提供舒适的乘车环境；满足车站内设备用房和管理用房正常运行所需的温度和湿度要求；车站内发生火灾时，进行合理的气流组织，及时排烟，诱导乘客疏散；列车在区间隧道阻塞时，保证阻塞位置的通风，满足列车空调系统正常运行的要求。

二、通风空调系统的构成

地铁通风空调系统按照位置分为车站通风空调系统和隧道通风系统。

1. 车站通风空调系统

1）公共区空调通风系统

城市轨道交通车站的站厅、站台层公共区是乘客活动的主要场所，也是环控系统空调、通风的主要控制区。公共区的通风空调简称为大系统。站台、站厅层的通风按照季节分为通风系统和空调系统。

（1）通风系统。

在每年的10月至次年的5月中旬左右，地下车站通过车站配置的通风系统向站台和站厅输送新鲜空气。室外的空气从地铁地面的风井进入，经过风机加压，输送到风道中的表冷器，再经过风道输送到站台层和站厅层。公共区通风大系统主要设备包括组合式空调机组、表冷器回/排风机、风阀、风管和风道等（见图3-7-1～图3-7-4）。

图3-7-1　表冷器　　　图3-7-2　风机　　　图3-7-3　风阀　　　图3-7-4　风道

（2）空调系统。

在每年的 6 月至 11 月左右，地下车站由空调系统向站厅站台输送冷风。车站空调制冷循环水系统的作用是为车站内空调系统制造冷源，将其供给车站空调大、小系统中的空气处理设备，同时通过冷却水系统将热量送出车站。

空调制冷循环水系统的主要设备包括冷水机组、水泵、冷却塔、水阀和管路等（见图 3-7-5 ~ 图 3-7-7）。

图 3-7-5　冷水机组

图 3-7-6　水泵

图 3-7-7　冷却塔

2）设备及管理用房通风空调系统

车站的管理及设备用房区域内主要分布着各种运营管理用房和控制系统的设备用房，机房一般布置在车站两端的站厅、站台层，站厅层主要集中了通信、信号、环控电控室、低压供电、环控机房以及车站的管理用房，站台层主要布置高、中压供电用房。

车站设备及管理用房通风空调系统简称小系统，其作用是通过对各用房的温湿度等环境条件的控制，为管理、工作人员提供一个舒适的工作环境，保障各种设备正常运行。

图 3-7-8 为通风空调系统的功能。

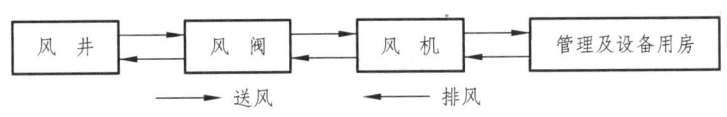

图 3-7-8　通风空调系统的功能

由于各种用房的设备环境要求不同，温湿度要求也不同，根据各种用房的不同要求，小系统的空调、通风基本上根据以下 4 种形式分别设置独立的送风和（或）排风系统：需空调、通风的房间，如通信、信号、车站控制、环控电控、会议等用房；只需通风的房间，如高、低压，照明配电，环控机房等用房；只需排风的房间，如洗手间、储藏间等；需气体灭火保护的房间，如通信、信号设备室，环控电控室，高低压室等。

2. 隧道通风系统

隧道通风系统的设备主要由分别设置在车站两端站厅、站台层的 4 台隧道通风机，以及与其相应配套的消声器、组合风阀、风道、风井、风亭等组件构成，其作用是通过机械送、排风或列车活塞风作用排除区间隧道内的余热、余湿，保证列车和隧道内设备的正常运行。

三、通风空调系统的控制级

1. 中央控制

中央控制（OCC）在控制中心，是以中央监控网络和车站设备监控网络为基础的网络系统，对全线的通风及空调系统进行监控，向车站下达各种运行模式指令或执行预定运行模式。

2. 车站控制

控制装置设在各车站控制室，配置车站级工作站和综合后备盘；可监视车站管辖范围内的隧道通风系统、车站大小系统和水系统，及时向 OCC 传送信息，执行中央控制室下达的各项运行模式指令。车站火灾发生时，车站控制室作为车站指挥中心，与火灾报警系统协调工作，根据实际情况将有关通风空调系统转入灾害模式运行。

3. 就地控制

环控系统的各种设备，如风机、空调机、冷水机组、水泵等在其近处设有电源控制开关（部分设备设在环控电控室），便于设备调试、检修时现场使用。就地控制在三级控制中具有绝对优先权，即就地控制时，车站控制室和中央控制室仅接收其操作信号，对其控制失效。

四、通风空调系统的工作模式

1. 通风运行工况和空调运行工况

地铁通风空调系统按季节分为两种工况：通风运行工况和空调运行工况。

通风运行工况就是对车站站厅、站台进行通风，不启用空调设备，启用的设备有风机、排热风机、回排风机等。

空调运行工况就是车站站厅、站台采用中央空调设备进行送、排风，启用空调风机、冷水机组、冷却水泵、冷却塔等。

在地铁车站和隧道内，通风和空调系统的选择遵循：优先采用通风系统方式；当夏季当地最热月的平均温度超过 25 ℃，且地铁高峰时间内每小时的行车对数和每列车车辆数的乘积大于 180 时，可采用空调系统；当夏季当地最热月的平均温度超过 25 ℃，全年平均温度超过 15 ℃，且地铁高峰时间内每小时的行车对数和每列车车辆数的乘积大于 120 时，可采用空调系统。

2. 火灾工况

（1）站厅、站台火灾。

列车火灾及站台火灾时，应使站台到站厅的上、下通道间形成一个向下的气流，使乘客从站台迎着气流撤向站厅和地面，因此，除车站的站台回、排风机运转向地面排烟外，其他车站大系统的设备均停止运行。

站厅发生火灾时，站厅回、排风机全部启动排烟，大系统其他设备均停止运行，使得出入口通道形成由地面至车站的向下气流，乘客迎着气流方向撤向地面。

（2）设备用房、管理用房火灾。

火灾时，设备用房和管理用房通风空调系统开启排烟模式，排烟分区所对应的排烟风机启动，将浓烟排出站外。

（3）区间隧道火灾。

在列车由于各种原因停留在区间隧道内，而乘客不下列车时，顺着列车运行方向进行送/排机械通风，冷却列车空调冷凝器等，使车内乘客仍有舒适的旅行环境；当列车发生火灾时，应尽一切努力使列车运行到车站站台范围内，以利于人员疏散和灭火排烟。当发生火灾的列车无法行驶到车站而被迫停在隧道内时，应立即启动风机进行排烟降温：隧道一端的隧道风机向火灾地点输送新鲜空气，另一端的隧道通风机从隧道排烟，以引导乘客迎着气流方向撤离事故现场，消防人员顺着气流方向进行灭火和抢救工作。

任务八 低压配电与照明系统认知

城市轨道交通车站的设施设备非常多，有可见的各种照明、自动售票机、闸机、自动扶梯、安全门等，还有一些看不到却时刻为乘客提供舒适服务和安全保障的设施，如空调、通风、给排水等。这些设施设备的使用都离不开电。地铁车站低压配电系统为车站站台、站厅和设备用房的机电设备、售检票设备等提供电源，工作人员通过该系统对车站低压电器和照明系统各设备进行有效操作和管理，为车站的正常运行提供安全、优质、高效的保障。

一、车站低压配电系统

1. 城市轨道交通车站低压配电系统的作用和目标

城市轨道交通低压配电系统为地铁供电网络提供全方位的服务功能，承担了除给电动车组供电以外给所有低压负荷提供电能的重要任务，保证所有动力照明设备配电的安全、可靠、有效、经济。

2. 城市轨道交通车站低压配电系统的分类和供电方式

车站电源是两路电源引自降压变压器二次侧，两路电源互为备用，切换；一路分进线断开，三级负荷切除；火灾时切断三级负荷，二级负荷要人工现场切除。

低压配电系统设备按用途分为动力和照明；按供电重要程度分一级负荷、二级负荷和三级负荷。

（1）一级负荷是指直接影响行车安全、旅客安全、疏散安全的用电负荷，包括通信、信号、设备监控系统（EMCS）、FAS、AFC、应急照明、站厅和站台照明、出入口照明、屏蔽门、垂直梯、排水泵、雨水泵、回排风机、排热风机、组合式空调箱、小系统排烟风机。

（2）二级负荷是指间接影响消防、疏散安全的用电设备，包括自动扶梯、污水泵、车站设备管理区用房照明等。

（3）三级负荷是指与行车、消防、疏散无直接关系，用于增加乘客舒适度的用电负荷，包括一般照明、商业照明、冷水机组、冷冻泵、冷却泵、冷却塔风机等。

3. 低压配电系统设备

（1）低压开关柜。

低压开关柜是一个或多个低压开关设备和与之相关的控制、测量、信号、保护、调节等设备，通过所有内部的电气和机械的连接，用结构部件完整地组装在一起的一种组合体，将低压电力安全、可靠、合理地配置给各个用电负荷。城市轨道交通车站低压配电系统采用 AC 400 V 三相五线制，故也叫 0.4 kV 开关柜。

低压开关柜主要由柜体、母线、功能单元三部分组成。

柜体：开关柜的外壳骨架及内部的安装、支撑件。

母线：一种可与几条电路分别连接的低阻抗导体。

功能单元：完成同一功能的所有电气设备和机械部件（包括进线单元和出线单元）。

（2）电缆、电线。

低压柜馈出至配电箱、双电源箱、控制柜回路，配电箱馈出至设备（电缆）；照明、配电箱出线（电线），电缆绝缘电压 1 000 V 等级，电线 500 V 等级。

（3）其他相关设备包括环控系统设备就地控制箱；防淹门控制柜；雨水泵控制柜；废水泵、污水泵、集水泵控制箱；区间隧道维修电源箱；电源配电箱、电源切换箱；防火阀电源配电箱；照明配电箱、照明控制盘和事故照明电源装置。

二、车站照明系统

1. 照明系统的功能及设计原则

照明系统在车站内尤其是地下车站有着非常重要的作用，影响乘客和工作人员在地铁车站环境中的情绪、健康、安全及车站整体装饰效果。目前，地铁车站照明系统的功能主要有：在车站内为乘客提供舒适的环境；保证特殊、危险时刻的安全和疏散工作的完成；具有一定的文化内涵（见图 3-8-1 和图 3-8-2）。

图 3-8-1　地下通道照明

图 3-8-2　站厅照明

车站照明系统的设计原则及要求：避免使出入地铁的人员感受过大的亮度差别；保障停留在地铁内人员的安全和感觉舒适；光源的光色和灯具的安装位置都不能导致与信号图像相

混淆。照明方式：按照视觉工作程度、照度、显色性、配光及布置方法等因素选择。照明光源：按照发光的机理等因素选择。光源选择：地下铁道的车站照明以荧光灯为主；事故照明采用白炽灯；区间照明及站台下、折返线检查坑，车辆段检查坑内的安全照明采用白炽灯。灯具布置：照度充足均匀；维修方便、安全；灯泡安装容量小；布置整齐美观；与建筑空间相协调；光线射向适当、无眩光、无阴影。

2. 照明系统分类

照明系统按设置处所通常分地下两层：站厅层和站台层。

照明系统按区域可划分为出入口照明、公共区照明、区间隧道照明、电缆廊道照明。

照明系统按负荷等级可分为一级负荷、二级负荷、三级负荷。

一级负荷主要有：事故照明、二类导向标志照明、三类导向标志照明、四类导向标志照明、公共区工作照明、节电照明；二级负荷主要是设备区域工作照明和一类导向标志照明；三级负荷主要有广告照明。事故照明电源室的进线电源引自变电所的两段低压母线，并且采用蓄电池作为备用电源。

3. 照明系统的配电方式

（1）站台、站厅等一般照明的配电方式交流双电源交叉方式供电。

（2）事故照明的配电方式：采用交流双电源互为备用供电，一路故障，另一路自动启用。当两路电源均失电时，事故照明由车站两端设备的事故照明电源装置（蓄电池）供电。

事故疏散诱导照明标志的位置一般在车站出入口、人行通道、站厅和站台侧墙、人行通道拐弯处、安全出口、自动扶梯及楼梯口等（见图3-8-3）。

图3-8-3　事故疏散诱导照明标志

（3）广告照明。

广告照明分布于站台、站厅公共区，采用日光灯灯箱的形式，一般由照明配电室配电箱统一分配供给，而在某些地铁车站，三级负荷的广告照明与正常的其他照明的供电电源是分开的（见图3-8-4）。

（4）区间隧道照明。

区间隧道照明由设在站台两端隧道入口处的区间隧道一般照明箱配出，并安装在两侧壁，每间隔20 m一个，使用70 W高压钠灯；疏散照明每隔20 m一个，使用36 W荧光灯（见图3-8-5）。

图 3-8-4　广告照明　　　　　　　图 3-8-5　区间隧道照明

4. 照明系统的控制

车站照明系统分为三级控制：就地级控制、照明配电室集中控制和站控室集中控制。

就地级控制：各设备及管理用房进门处设有就地开关箱或盒，可控制相应设备及管理用房的一般照明；区间隧道一般照明受设于隧道两端入口处的区间隧道一般照明配电箱控制。

照明配电室集中控制：照明配电室内设有相应照明场所的照明配电箱，可在室内集中控制相应场所的一般照明、节电照明、事故照明及广告照明；正常情况下，配电箱所有开关均应全部合上，以便通过就地级控制和站控制室集中控制相应场所照明。

站控室集中控制：实现对站台、站厅公共区的一般照明、节电照明、广告照明的手动/自动控制转换和人工控制及区间隧道一般照明手动控制；在 EMCS 系统上可监控站台、站厅公共区一般照明、节电照明、广告照明的工作状态（手动/停/自动）。

任务九　给排水系统认知

给排水系统的安全可靠性在地铁运营管理中占有非常重要的位置，特别是当出现暴雨、火灾等危机状况时（见图 3-9-1），站务员需要对给排水系统的基本功能有充分的认知，能够完成应急处理。本任务将详细介绍给排水系统和水消防系统，并制定日常巡视记录工作流程。

图 3-9-1　下雨天的地铁站

给排水系统是为人们的生活、生产、市政和消防提供用水和废水排除设施的总称。地铁给排水系统设备主要有以下作用：提供地铁运营所必需的生产、生活、消防等用水；收集排出生产、生活、消防等产生的废水，以及地下结构渗漏水、雨水等；提供完整的水消防系统，保证地铁的安全、正常运营。给排水系统分为给水系统、排水系统及水消防系统。

一、地铁车站给水系统

车站给水系统是指将市政给水网中的水引入室内，经配水管输送到建筑内部的给水配件和用水设备，并保证水质、水量、水压、水温等。车站给水系统由生产、生活给水和消防给水三部分组成，均由城市自来水管网供水（见图 3-9-2）。

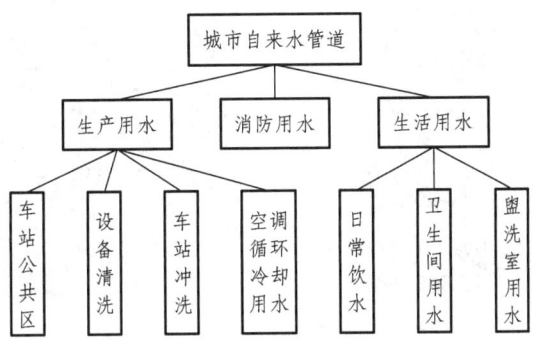

图 3-9-2　城市车站给水系统

地铁给水系统的选择，应根据生产、生活和消防等各项用水对水质、水压和水量的要求，结合市政给水系统等因素确定，一般按下列情况选择给水系统：

（1）为保证人员饮用水的水质，地铁宜采用生活和消防分开的给水系统。生活给水管宜由市政自来水管引入，生产用水可和消防或生活给水系统共用。

（2）当城市自来水的供水量能满足生产、生活和消防用水的要求，而供水压力不能满足消防用水压力时，应和当地消防及市政部门协商设消防泵和稳压装置，但不设消防水池。

（3）当城市自来水的供水量和供水压力能满足生产和生活用水，而不能满足消防用水量要求时，则应设消防泵、稳压装置和消防水池。

（4）设自动喷水灭火系统时，应采用独立的给水系统，不应和生产、生活及消火给水系统共用。

（5）车站生活、生产给水管网布置。

地铁地面车站低层建筑一般采用市政自来水管网直接供水。高层建筑及地铁车辆厂范围则采取设高低水箱、水泵液位自控装置等组成的供水系统（见图 3-9-3）。

地铁车站的排水系统是车站给排水及防灾的主要内容之一，及时排放车站内部的积水，对车辆的正常运行及各类电器设备的保护有着重要意义。

排水系统的主要任务是及时排除生产生活污水、隧道结构漏水、事故消防废水及敞开式出入口和风亭部分的雨水等，以保障车站正常运营和行车安全（见图 3-9-4）。

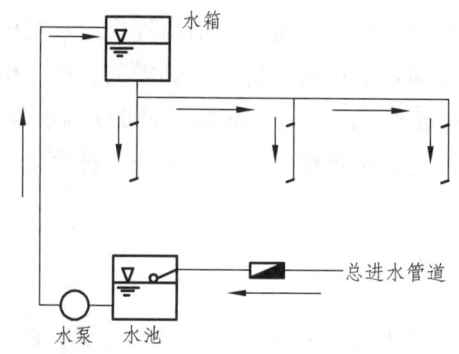

图 3-9-3　供水系统

图 3-9-4　地铁车站排水系统

二、地铁车站排水系统

1. 排水系统的组成

排水系统按照水的性质可以分为污水系统和废水系统，污水系统用于排除车站卫生间所产生的生活污水；而废水系统则用于排除消防废水、冲洗废水、雨水和结构渗漏水。其中，废水系统又可以细分为车站主废水系统、车站局部废水系统和区间废水系统。

污水主要是指车站内卫生间及开水间生活污水，城市轨道交通地铁站内都配有公共卫生间，因此需要考虑乘客生活排水量。污水泵设置在卫生间下的站台层设备区内，污水集水池有效面积不应小于最大水泵 5 min 的流量，不大于 6 h 的污水量（防止污水停留时间过长产生沉淀和腐化）。

废水主要包括消防废水，站厅、站台地面冲洗废水，环控机房和各类排水泵房洗涤池排水，事故排水，消防废水，结构漏水等。废水由地漏收集并排放至轨道两侧的排水明沟，再由废水泵加压输送至城市污水系统（见图 3-9-5）。

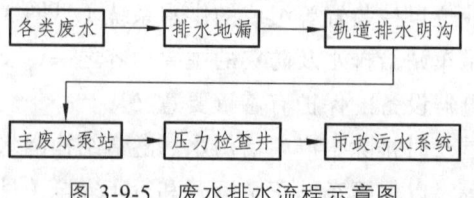

图 3-9-5　废水排水流程示意图

2. 排水泵站

在排水管道的中途和终点需要提升废水时设置泵站，称为中途泵站和终点泵站。

按照废水的性质，排水泵站分为污水泵站、雨水泵站和合流泵站。污水泵站常采用离心式污水泵。雨水泵站常采用轴流泵。合流泵站配泵时要顾及雨天流量和晴天流量的巨大变化，可采用不同类型及不同流量的泵组以利于运行，但泵组的品种宜少些。

三、给排水系统的运行

地铁给排水系统的正常运行是指各类给排水泵平时均按自控状态运行，并且保持良好的工作状态，随时可以按照设计或设定的自动控制或手动控制（指有自动控制系统时）运行各类给排水设备。阀门、水泵等可操作设备应配有指示标牌，表示目前设备所处的状态线路供水管道不间断供水，阀门状态不可变。车站安排工作人员定时巡视，发现异常及时汇报。另外，水消防系统是指地铁内部各种消防设备的用水系统。

任务十 车站火灾防护与消防系统认知

城市轨道交通车站火灾防护系统由火灾监控系统、报警系统和灭火系统组成，包括自动灭火装置和人工灭火消防系统（见图 3-10-1）。由于车站是乘客高度聚集的场所，对车站服务范围内的消防有着极高的要求。本任务主要介绍火灾自动报警器（FAS）、气体灭火消防系统和水消防系统三部分内容。

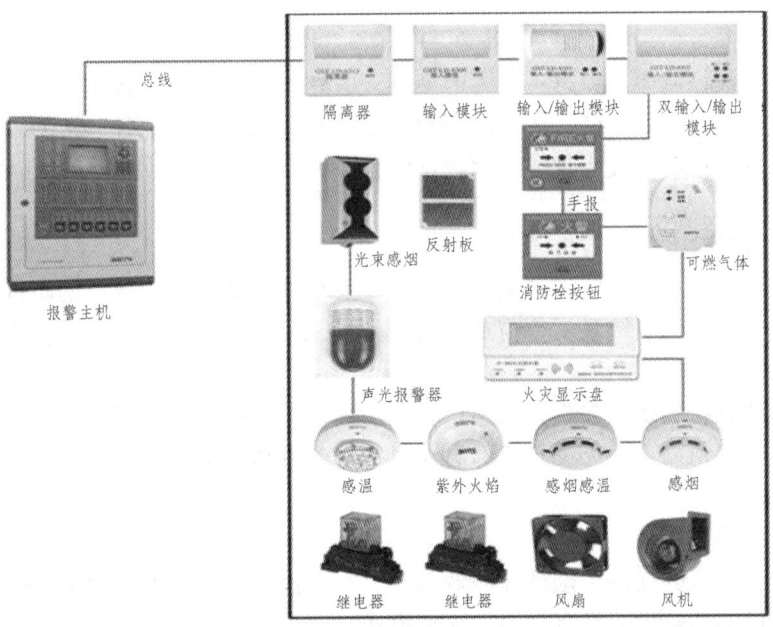

图 3-10-1 消防报警系统示意图

一、火灾自动报警器（FAS）

FAS是由触发器件、火灾报警装置以及具有其他辅助功能的装置组成的火灾报警系统。它能在火灾初期，将烟雾、热量和光辐射等物理量，通过感温、感烟和感光等火灾探测器变成电信号，传输到火灾报警控制器，并同时显示出火灾发生的部位，记录火灾发生的时间（见图3-10-2）。

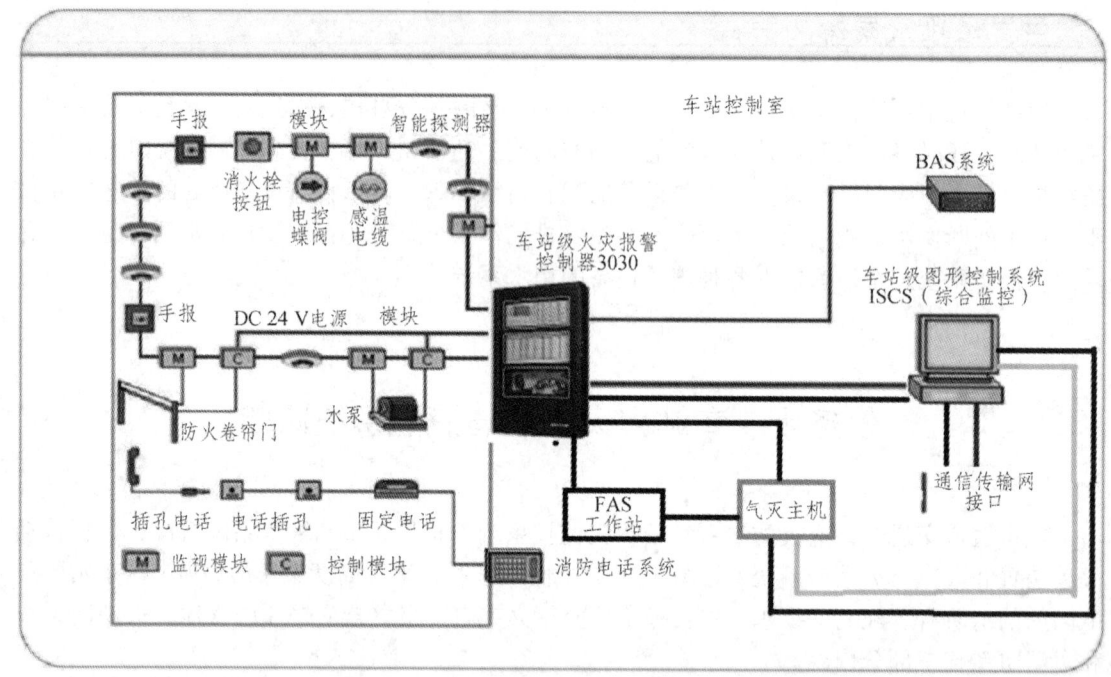

图3-10-2 火灾报警系统（FAS）结构

FAS作为三级控制系统：第一级为中央级，是整个FAS集中监控中心，设置于全线控制中心大楼内；第二级为车站级，是FAS系统基本结构单元，设置于各车站的综控室以及车辆段等的消防值班室；第三级为现场就地控制级。

1. FAS的功能

FAS车站级功能主要有监视、报警、控制以及与其他系统联动等，具体包括火灾报警、系统状态监控、防排烟系统联动；与BAS的模式联动、防火卷帘联动、气体灭火设备联动、给排水设备联动、电梯联动。

火灾模式就是在确认（包括自动确认和人工确认）火灾灾情的情况下，火灾自动报警控制盘所执行的一系列操作。火灾模式的启动包括自动启动、手动启动（半自动启动）和人工启动三种方式。

（1）自动启动方式。

当同一防火分区的任两个烟感探测器都产生火灾报警时，火灾自动报警控制盘将认为现场发生火灾的可能性较大，将自动启动火灾模式。

（2）手动启动方式（半自动启动方式）。

当防火分区的任一个烟感探测器产生火灾报警时，值班人员到现场确认火灾情况。如果现场真的发生火灾，值班人员可触发设置在现场的任一个手动报警器（包括破玻报警器）进行确认。系统控制盘接收到确认报警后，将自动启动火灾模式。

（3）人工启动方式。

当人员发现现场发生火灾时，利用通信工具通知车控室。车控室值班员可在IBP盘上或综合监控系统（ISCS）上直接启动火灾模式。

图3-10-3为火灾报警灭火系统。

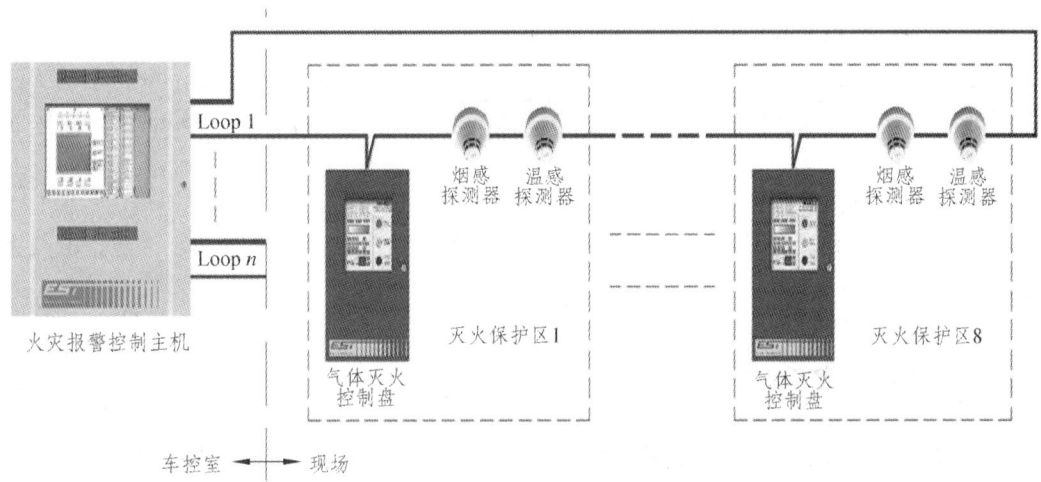

图3-10-3　火灾报警灭火系统

2. FAS互联系统

（1）气体灭火系统。

FAS主机和气体灭火主机之间采用光纤跳线连接于主机的网卡上，气体灭火主机向FAS发送系统内故障及报警状态，FAS负责将气体灭火系统的故障及报警信息发送到FAS图形工作站，利用图形软件显示出来，方便值班及维护人员查看。

（2）门禁系统。

当车站确认火灾发生时，FAS将通过模块控制门禁系统打开全站所有门禁，方便火灾时人员的逃生疏散。FAS与门禁系统的接口在IBP盘上接线端子处，且盘面有联动与非联动转换开关，方便检修作业。

（3）AFC（自动售检票）系统。

当车站确认火灾发生时，FAS将通过模块控制AFC系统打开全站所有闸机，方便火灾时人员的逃生疏散。FAS与AFC系统的接口在IBP盘上接线端子处，且盘面有联动与非联动转换开关，方便检修作业。

（4）垂直电梯。

当车站确认火灾发生时，乘客禁止乘坐垂直电梯，FAS将通过模块控制车站所有垂直电梯归于首层，且处于开门状态。

图3-10-4为FAS互联系统。

 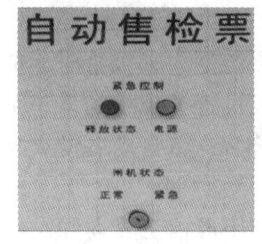 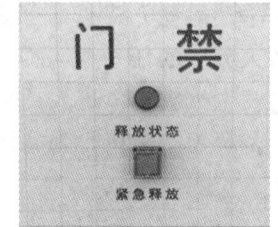

图 3-10-4　FAS 互联系统

（5）卷帘门。

车站卷帘门分用于疏散通道的卷帘门和用于防火隔断的卷帘门。

安装在疏散通道上的防火卷帘，其控制要求是当烟感报警后，防火卷帘下降至距地 1.8 m；当温感报警后，防火卷帘下降到底。仅作为防火隔断的防火卷帘，在烟感报警后，防火卷帘应一次下降到底。

（6）非消防电源。

当车站确认火灾发生时，FAS 将通过模块控制车站所有非消防电源切断，防止电气火灾的发生。

二、气体灭火系统

（1）多个地下车站的通信设备机房、信号设备机房、牵引降压混合、降压及跟随变电所、整流器柜室、动力变压器室都配备有气体自动灭火系统。

（2）配置设备有：火灾报警灭火控制主机、感烟探测器、感温探测器等。

（3）气体自动灭火系统和 FAS 设有接口，将故障信号及每个保护区的预警信号、报警信号、喷放信号、手/自动信号送给 FAS（见图 3-10-5）。

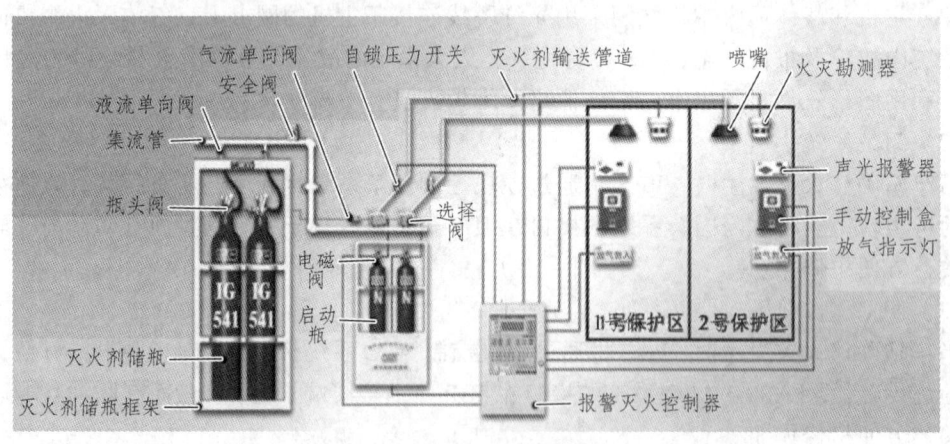

图 3-10-5　气体灭火系统

（4）气体灭火系统的操作方法：本系统有两种火警确认方式，即自动确认、手动确认。

（5）气体灭火系统分为七氟丙烷灭火系统、混合气体自动灭火系统、CO_2 自动灭火系统、气溶胶自动灭火系统（见图 3-10-6 和图 3-10-7）。

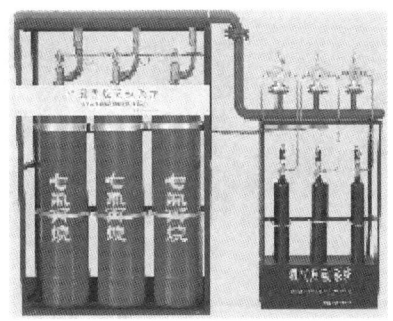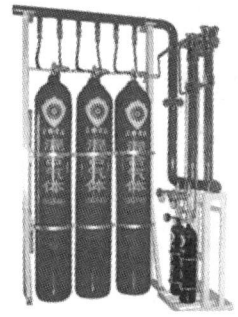

图 3-10-6　七氟丙烷灭火器和混合气体自动灭火器

图 3-10-7　CO_2 自动灭火器和气溶胶自动灭火器

三、水消防系统

水消防系统是指地铁内部各种消防设备的用水系统。消防系统可以分为消火栓系统和喷淋系统。而消火栓系统又可以细分为车站消火栓系统和区间消火栓系统。

1. 消火栓系统

消火栓在地铁地面车站、地下车站和高架车站都是主要的消防灭火设备，以水为介质灭火。

消火栓系统主要设备有：消防栓、水泵接合器、消防水泵、管道、阀门、消火栓、水流指示器等。

1）消防栓

消防栓，一种固定消防工具，其主要作用是控制可燃物、隔绝助燃物、消除着火源（见图 3-10-8）。消防栓主要供消防车从市政给水管网或室外消防给水管网取水实施灭火，也可以直接连接水带、水枪出水灭火。

2）水泵接合器

水泵接合器是根据《建筑设计防火规范》为高层建筑配套的消防设施，通常与建筑物内的自动喷水灭火系统或消火栓等消防设备的供水系统相连接（见图 3-10-9）。

图 3-10-8　消防栓　　　　　　　　图 3-10-9　水泵接合器

3）消防水泵

消防水泵安装在消防车、固定灭火系统或其他消防设施上，用作输送水或泡沫溶液等液体灭火剂的专用泵（见图 3-10-10）。

图 3-10-10　消防水泵

4）阀门

阀门是流体输送系统中的控制部件，具有截止、调节、导流、防止逆流、稳压、分流或溢流泄压等功能（见图 3-10-11）。

图 3-10-11　阀门

5）消火栓

消火栓是设置在消防给水管网上的消防供水装置，城市轨道交通车站的消火栓箱内有水枪、水带、消火栓、启动按钮等设备（见图 3-10-12）。

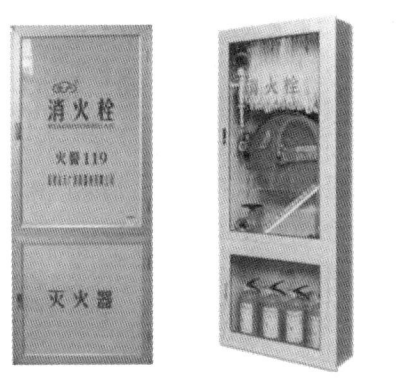

图 3-10-12　消火栓

【知识拓展】

消火栓使用方法如图 3-10-13 所示。

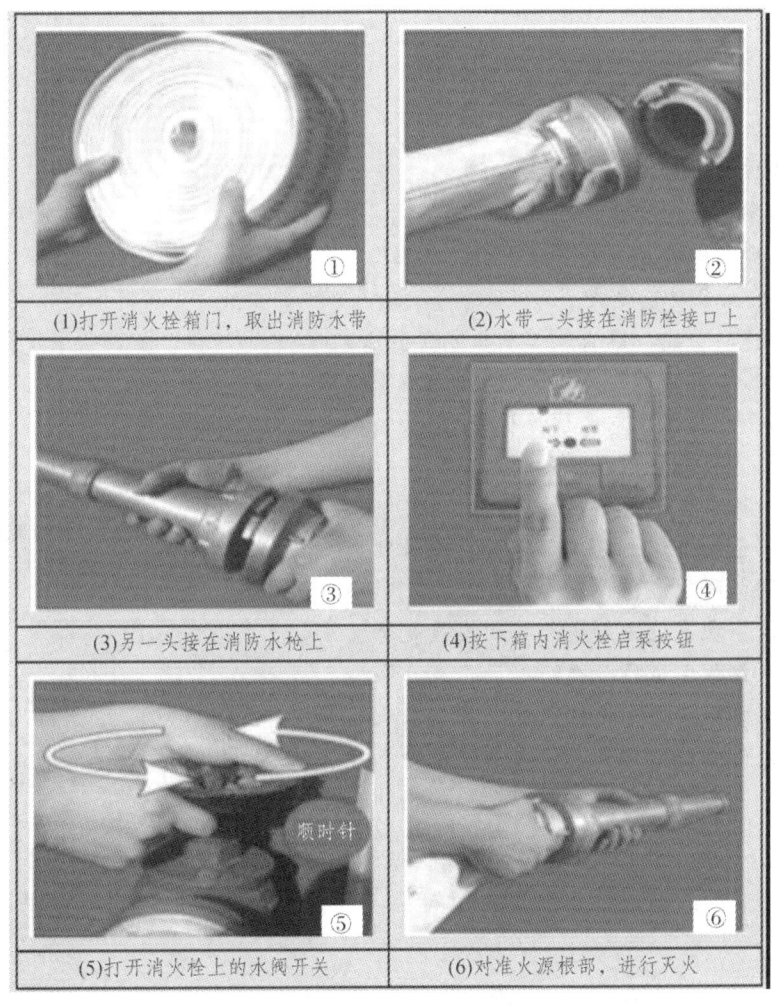

图 3-10-13　消火栓使用方法

注意事项：消火栓边上不要堆放任何物品；非火灾时不要使用；扑灭火灾后，把水带晾干并恢复原状。

2. 喷淋系统

车站喷淋系统主要供给车站站厅、站台层公共区喷淋用水。消防喷淋系统是一种消防灭火装备，是一种固定消防设施，它具有价格低廉、灭火效率高等特征。根据控制方式不同，喷淋系统可以分为人工控制和自动控制两种形式。

人工控制就是当发生火灾时，需要工作人员打开消防泵为主干管道供压力水，喷淋头在水压作用下开始工作。

自动控制消防喷淋系统是一种在发生火灾时，能自动打开喷头喷水灭火并统一时间发出火灾报警信号。自动喷淋灭火系统具有自动喷水、自动报警和早期火灾降温等优点，而且可以和其他消防设施同步展开工作。

习 题

1. 自动售检票系统的组成是什么？
2. 闸机的模式类型是什么？
3. 怎样操作硬币箱、纸币箱？
4. 乘客信息系统的功能、组成及种类是什么？
5. 综合监控系统的组成和功能是什么？
6. IBP 盘的主要功能是什么？
7. 广播系统的功能、组成及控制级别是什么？
8. 自动扶梯紧急制动的操作方法是什么？
9. 电扶梯系统客伤应急处理流程是什么？
10. 电梯困人应急处理流程是什么？
11. 屏蔽门的类型和组成是什么？
12. 屏蔽门控制系统的组成部件及功能是什么？
13. 屏蔽门故障的应急预案是什么？
14. 通风及空调系统的组成及控制模式是什么？
15. 照明系统如何进行分类？
16. 地铁车站给排水系统的组成是什么？
17. 车站消防系统的组成及使用方法是什么？

项目四　城市轨道交通智能系统列车智能驾驶系统认知

一、项目描述

轨道交通驾驶员是城市轨道交通运行中的关键工种之一。在高峰运行时段，1 列 8 节编组的 A 型电动列车上有 3 000 多名乘客，因此驾驶员负有极其重大的责任，一名驾驶员必须具备高尚的职业道德、良好的驾驶习惯、文明的操作方式、扎实的专业知识，以及故障处理技能和处置突发事件的临场应变能力等，同时轨道交通驾驶员每月必须参加一次司机岗位实训考核。

本项目主要对城市轨道交通列车驾驶系统进行介绍，包括八方面内容：列车操作相关知识；司机交接班作业；列车整备作业；段（场）作业；正线运行及操作；折返作业；非正常情况下的运行及操作；故障条件下的运行及操作。

二、教学目标

（一）知识目标

掌握城市轨道交通车辆的车型及结构组成；熟记出退勤流程、交接班的交接内容及注意事项；掌握列车起动的标准程序和列车静态调试的方法；掌握列车出入库时机、操作流程及注意事项；掌握电动列车司机正线运行操作的标准化作业规范；熟悉终点站折返线布置、折返方式、自动折返的技术原理；掌握特殊天气下的操作规范；掌握救援列车司机以及被救援列车司机操作规范。

（二）技能目标

能够指认电动列车的组成部件、判断列车的编组形式；能在指定地点，正确完成司机出勤和退勤手续，正确完成司机交接班作业；能在规定时间内熟练完成列车静态调试；能正确把握发车时机，安全熟练地驾驶列车进行出入库作业，并能正确执行司机的"呼唤应答"制度；能完成列车驾驶操纵台转换作业，完成终点站自动折返和人工折返操作；能正确判断天气条件，根据不同的天气条件正确操作运行，同时能正确请求救援并完成列车清客，做好故障车的救援准备工作。

（三）素质目标

培养学生的语言表达能力和一丝不苟的工作态度，使学生走入工作岗位后可以严格履行出乘规则和列车库内运行的安全规定，保证作业的实施质量，确保行车安全，并谨记"安全第一"，培养严格按照标准化作业操作的习惯，安全、高效地操作电动列车。

（四）案例导入

2012 年 8 月 9 日上午 10 时左右，上海受 11 号强热带风暴"海葵"的影响，狂风骤雨席卷申城。某驾驶员驾驶的 308 次 316 号车，途经上海火车站至宝山路上行区间，细心的他突然发现该区段内上行接触网异常，疑似偏向一侧，于是及时上报了行车调度员，经调度员授权列车以 45 km/h 通过该故障区段。经后续列车确认，该区段接触网支架断裂，列车通过时支架与龙门架发生刮蹭，形成黑色电击印迹。由于该驾驶员行车途中对线路瞭望，及时报告，防止了因供电设备故障引起的更大的次生事故。

任务一 列车操作相关知识认知

城市轨道交通车辆是城市轨道交通的重要组成部分，一个优秀的轨道交通驾驶员必须要具备充足的列车操作相关知识，本任务主要介绍车辆概述和驾驶室设备两方面的内容。

一、车辆概述

城市轨道交通车辆种类很多，性能各异，但其结构大体相同（见图 4-1-1 和图 4-1-2），主要由车辆机械结构和车辆电气系统两大部分组成。

图 4-1-1 A 型车

图 4-1-2 B 型车

1. 车辆机械结构

车辆机械结构主要包括车体、转向架、车钩缓冲装置、制动装置等。

1）车体

车体是城市轨道交通车辆最重要的组成部件之一，由底架、侧墙、端墙、车顶等部件组成，为封闭筒形结构的整体承载方式，它是保障乘客安全的主要部件。

2）转向架

转向架安装在车体和轨道之间，是支撑车体并担负车辆沿轨道运行的支撑走行装置，是车辆最重要的组成部件之一。转向架有动车转向架和拖车转向架两种类型。

（1）动车转向架（无摇枕结构）见图4-1-3。

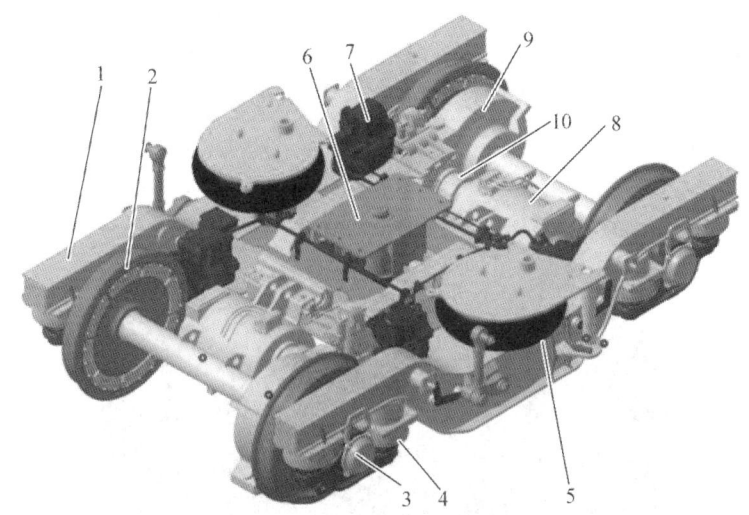

1—转向架构架；2—轮对；3—轴箱装置；4——系悬挂装置；5—二系悬挂装置；
6—牵引装置；7—基础制动装置；8—牵引电机；
9—齿轮减速箱；10—齿式联轴节。

图 4-1-3 动车转向架

（2）拖车转向架（无摇枕结构）见图4-1-4。

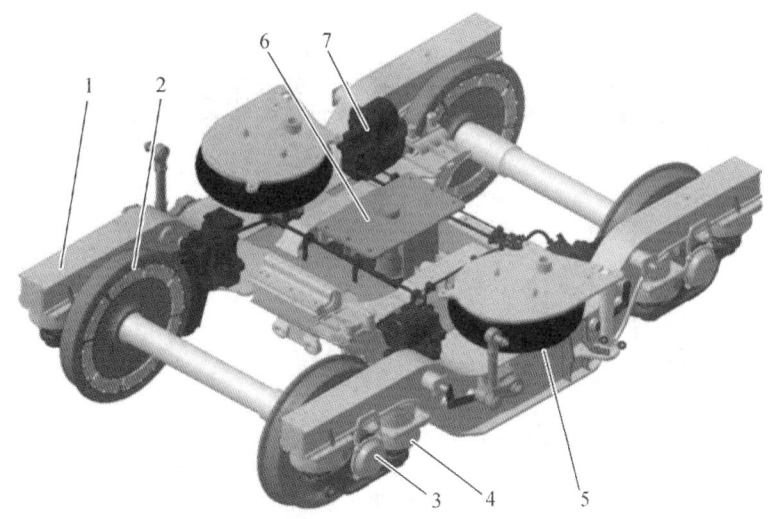

1—转向架构架；2—轮对；3—轴箱装置；4——系悬挂装置；
5—二系悬挂装置；6—牵引装置；7—基础制动装置。

图 4-1-4 拖车转向架

转向架的作用包括支承车体，承受并传递从车体至轮轨或轮轨至车体之间的各种载荷及作用力；缓和车辆与线路之间的相互作用，减小振动和冲击，提高车辆的运行平稳性；保证车辆运行安全，灵活地沿线路运行并顺利通过曲线；将车轮沿着钢轨的滚动转化为车体沿线路的平动；便于安装牵引电机及传动装置，提供驱动车辆的动力。

3）车钩缓冲装置

车钩缓冲装置是城市轨道交通车辆最基本，也是最重要的部件之一。它用来连接列车中各车辆，使它们彼此保持一定的距离，实现机械、电气和气路的连接，并且传递与缓和列车在运行中，或在调车时所产生的纵向力和冲击力。车钩缓冲装置主要有全自动车钩、半自动车钩和半永久棒式车钩三种类型。

（1）全自动车钩见图 4-1-5 和图 4-1-6。

图 4-1-5　全自动车钩

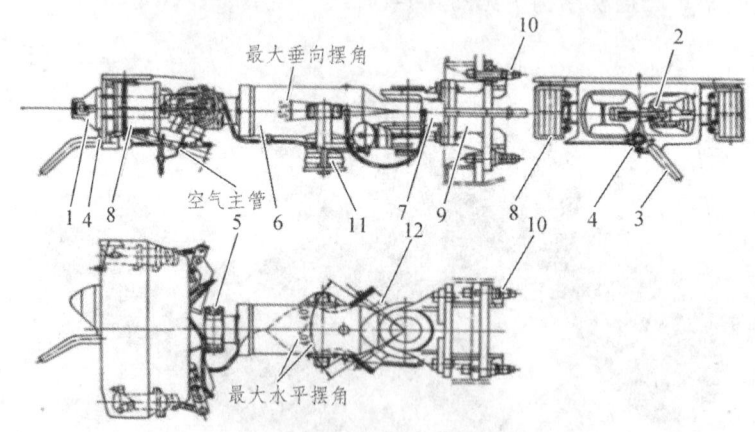

1—钩头凸锥；2—钩锁连接杆；3—导向杆；4—主风管连接器；5—对开连接套筒；
6—环弹簧缓冲器；7—支撑座；8—电气连接箱；9—钩尾冲击座；
10—过载保护套筒；11—垂向支承；12—对中装置。

图 4-1-6　全自动车钩结构图

（2）半自动车钩见图 4-1-7 和图 4-1-8。

图 4-1-7 半自动车钩

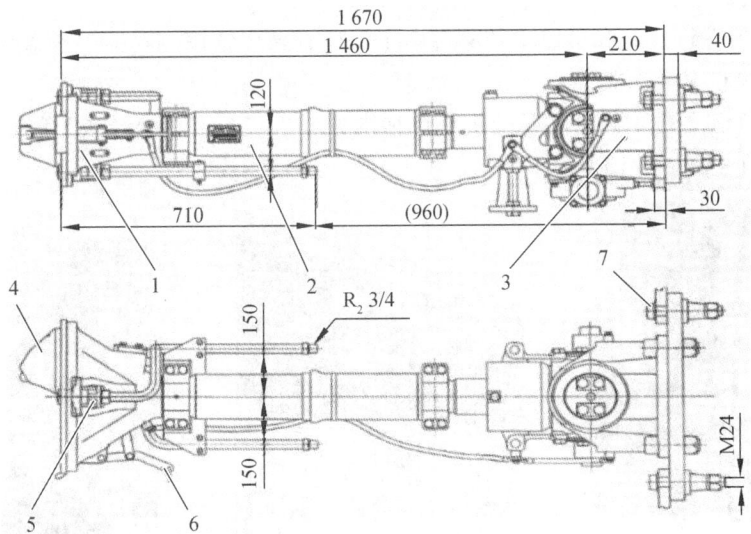

1—连挂系统；2—压溃装置；3—紧凑式缓冲装置；4—钩头凸锥；
5—总风管连接器；6—解钩手柄；7—过载保护。

图 4-1-8 半自动车钩结构

（3）半永久棒式车钩见图 4-1-9 和图 4-1-10。

图 4-1-9 半永久棒式车钩

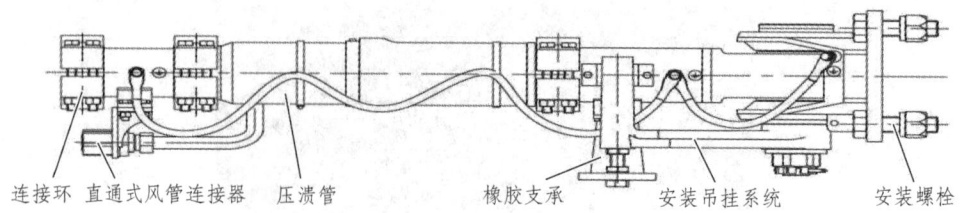

图 4-1-10　半永久棒式车钩结构

车钩缓冲装置的作用：用于连接列车的各个车厢的机械、风路和电路，从而使车辆形成一个整体；为车辆传递牵引和制动力，缓和列车在运行中或调车时所产生的纵向冲击力；具有一定的转动功能，能够使车辆顺利通过曲线。

4）电动车门

现代城市轨道交通车辆的车门驱动基本已全部采用电机驱动机构（北京地铁 1 号线 DKZ4 型车为风动门），车门的开和闭、各种状态检测都是通过门控单元（Electric Door Control Unit，EDCU）来进行控制和信息上传；每扇车门还有障碍物探测功能、紧急解锁功能、隔离功能、声光提醒和报警功能等。

现代城市轨道交通车辆电动车门主要包括内藏嵌入式车门、外挂式车门和塞拉式车门三种，如图 4-1-11 ~ 图 4-1-13 所示。

图 4-1-11　内藏嵌入式车门

图 4-1-12　外挂式车门

图 4-1-13　塞拉式车门

门控器（EDCU）的基本功能：开/关门功能，包括车门开、关状态显示；未关好车门的再开闭功能；开关车门的二次缓冲功能；集控开、关门操作控制信号的过滤性能：单次有效开、关门操作等信号需保持 500 ms 确认时限；障碍物探测重开门功能，防挤压力小于 210 N；车门故障切除功能（门隔离）；车门内/外紧急解锁功能；故障指示和诊断记录功能，并可通过读出器读出；零速保护（5 km/h 保护）功能；自诊断防护功能。

5）制动系统

车辆的制动方式主要有电制动和空气制动两种类型。

常用制动执行装置主要有闸瓦制动/踏面制动和盘形制动两种类型（见图 4-1-14 和图 4-1-15）。

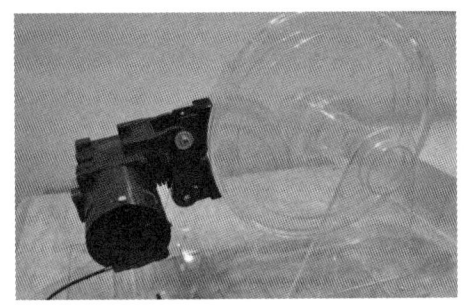
图 4-1-14 闸瓦制动/踏面制动

图 4-1-15 盘形制动

2. 车辆电气系统

1）牵引系统

牵引系统分散地配置在列车的动车上，包括受流装置、逆变装置、牵引电动机、电气线路保护元件、牵引控制系统等（见图 4-1-16）。

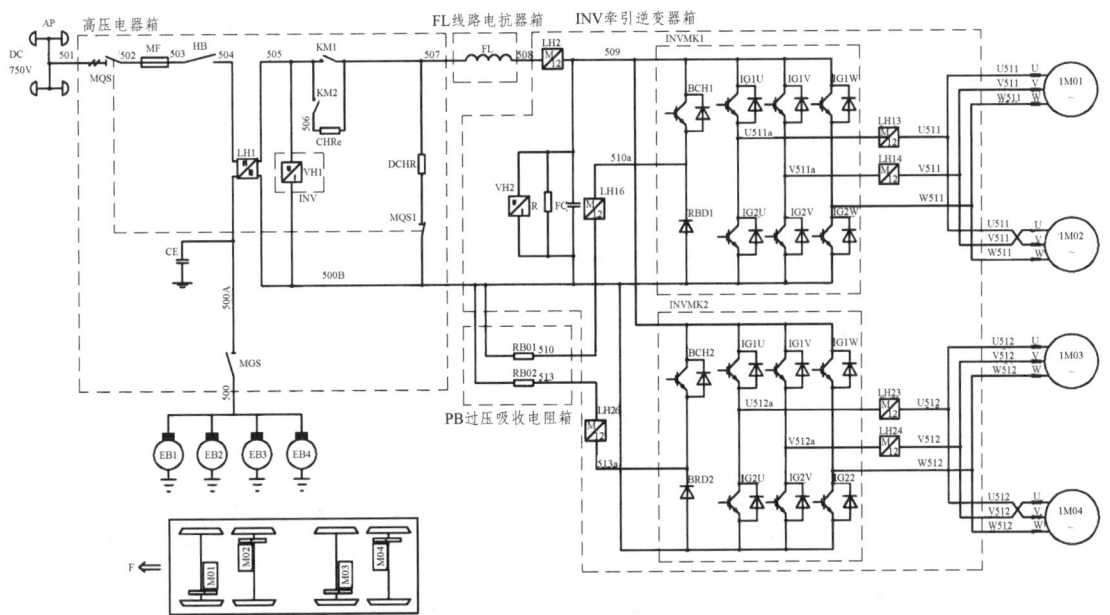

图 4-1-16 牵引系统牵引主电路

牵引系统的作用：承担着驱动列车运行的任务，在制动工况时实现电制动；再生制动时，牵引电动机变为发电机，产生的电能整流后，转变为直流电经由受流装置传回电网；若电网电压超过了限值，电能会消耗在电阻上。

2）逆变装置

逆变装置是将直流电（DC）转化为交流电（AC）的设备，装设在车体下部。根据逆变器提供交流电的对象不同，逆变器分为牵引逆变器和辅助逆变器。辅助电源系统包含的设备有：辅助高压箱、辅助电源（逆变器与充电机箱和变压器箱，包含辅助逆变器 SIV、蓄电池充电器 BCG 和 DC 24 V 电源电路）、扩展供电箱和接地开关箱。

3）列车控制管理系统（Train Control and Management System，TCMS）

TCMS 是在控制列车的牵引与制动、母线断路器和受供电装置等重要设备、空调装置及乘客信息显示系统等服务设备的同时，监控各种车载设备的状态、显示故障发生时的引导、记录累计行驶里程等各种信息的系统（见图 4-1-17）。

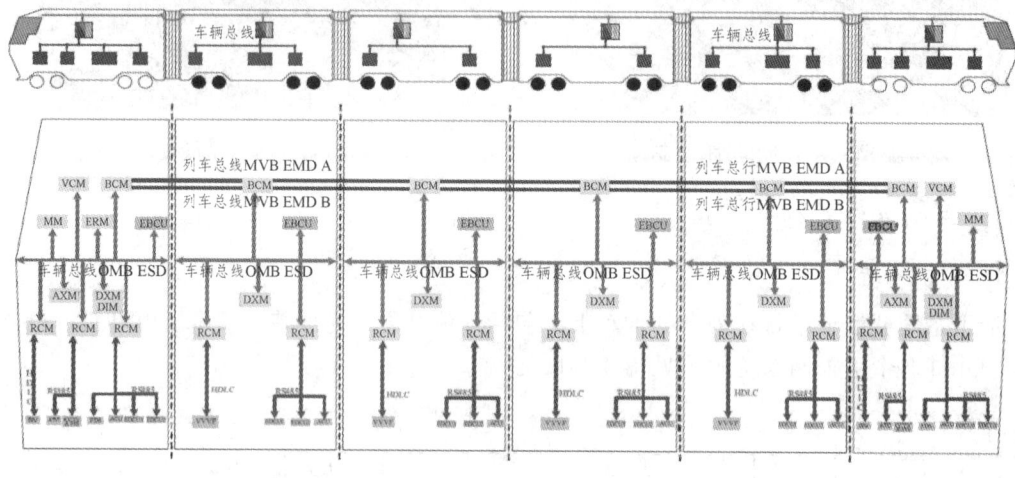

图 4-1-17 TCMS 系统结构

二、驾驶室设备

驾驶室是轨道交通司机必须掌握的车辆结构，下面主要介绍驾驶室的结构和驾驶室各按钮开关的功能及常规状态。

1. 操纵台

操纵台安装在驾驶室内，供司机驾驶列车使用（见图 4-1-18）。在功能上，操纵台分为列车牵引控制、制动控制、照明控制（司机室及客室照明）、门控制、广播控制、无线电台控制、空调控制、自动列车控制、前照灯控制、刮雨器控制、电热控制、列车故障诊断及紧急对讲、视频监视等功能。

图 4-1-18 操纵台

2. 左右侧墙

在驾驶室的左右侧墙上，还装有一些控制开关、按钮和仪表等（见图 4-1-19 和图 4-1-20）。为方便司机开关门作业，左右侧墙上分别有左右客室车门的开关按钮。

图 4-1-19　控制开关、按钮

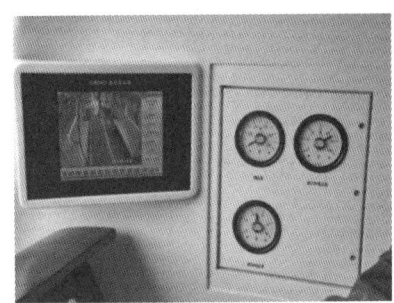

图 4-1-20　仪表

3. 其他设备

除了控制台和左右侧墙上的设备外，驾驶室还有一些其他设备，主要包括逃生门及疏散坡道、继电器柜、信号柜、前照灯等（见图 4-1-21～图 4-1-24）。

图 4-1-21　逃生门及疏散坡道

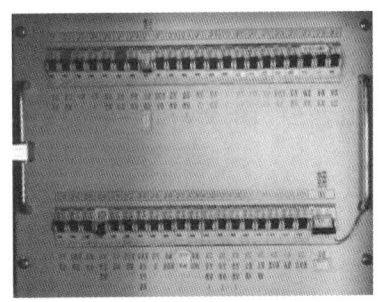

图 4-1-22　继电器柜

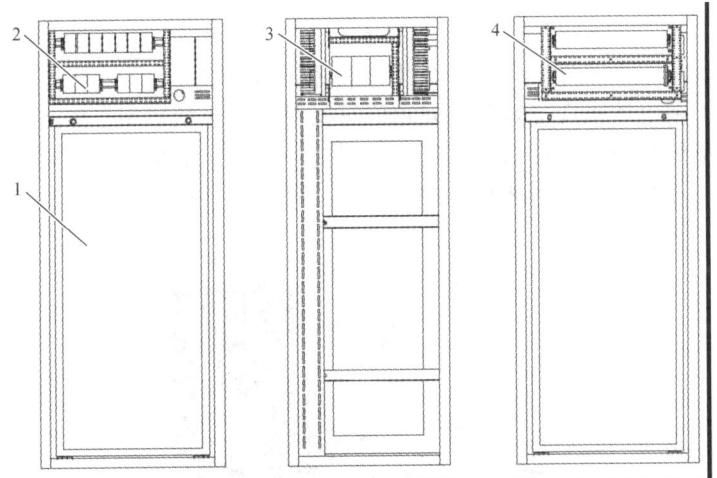

1—车载 ATC 机柜；2—正面继电器屏；3—侧面继电器屏；4—接线屏。

图 4-1-23　信号柜

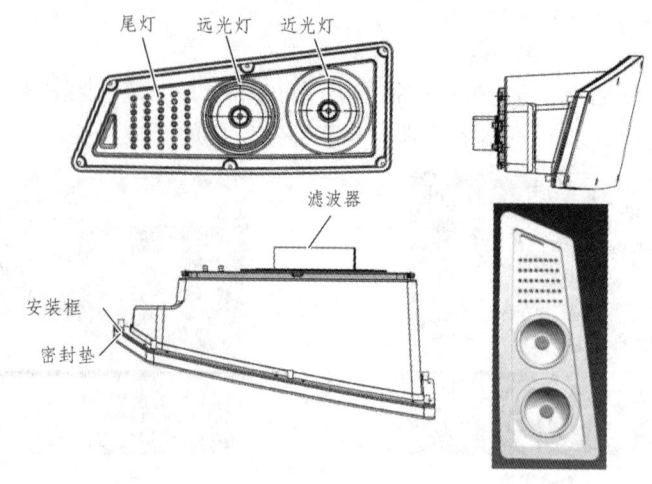

图 4-1-24 前照灯

任务二 司机交接班作业

城市轨道交通驾驶员是城市轨道交通运营的关键影响因素。城市轨道交通驾驶员简称司机,本任务将对司机的作业过程以及司机交接班的作业程序进行详细阐述。

一、出退勤及交接班作业

1. 出 勤

一备：做好值乘准备。
二准：准时出勤。
三报告：认真阅读有关行车命令、通知及安全注意事项。
四阅：出勤轮乘组按照规定时间共同到值班室窗口前，依次出勤。
五记：值班员传达的有关命令及事项记入司机手账，由值班员签字盖章认定。

（1）出勤前的准备包括充分休息，穿着制服，携带驾驶证、司机手账、笔等备品（见图4-2-1）。

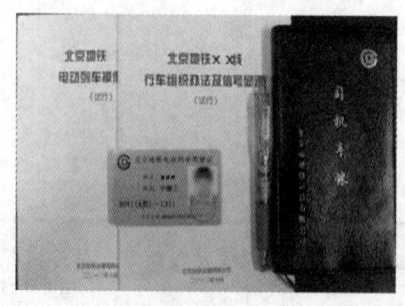

图 4-2-1 备品

（2）出勤地点：车辆段（或停车场）的调控中心备班室或轮乘站备班室。

（3）出勤时间。

在车辆段（或停车场）出勤时，应于发车前 40 min 到达调控中心出勤，在轮乘站出勤时，应于接车前 20 min 到达轮乘值班室出勤。出勤时认真了解、抄阅有关行车命令、指示及注意事项并理解透彻。对值班人员传达的重要行车命令或通知要及时记录在司机手账，并由值班人员签字确认（见图 4-2-2）。

图 4-2-2　出勤前的准备

（4）出勤时的唱诵。

出勤轮乘组向当值人员唱诵"××组××人担当平（节、假）日××轮乘图，××时××分，申请出勤。"值班人员确认司机符合值乘条件，核对出勤正确后回答"可以出勤"，并传达有关行车注意事项，发放各种行车备品。

（5）二次出勤。

所接列车进站前 3 min（发车前 7 min）到轮乘值班室轮乘组唱诵"××组，接上（下）行，××××次"。值班人员认真核对后回答"可以接车，注意安全"，轮乘人员应于列车到达时刻前 1 min 到接车位置。

2. 退　勤

轮乘结束后退勤的要求包括：按规定着装到达调控中心或轮乘值班室；报告事件，必要时填写事故报告；交回三角钥匙及行车备品；唱诵"××组担当××号×××车，列车运行正常，轮乘结束"；核对下一次班次安排，唱诵"××组××人×年×月×日，担当白（夜）××、×时×分，××（车辆段、停车场）出勤"；值班人员核对无误后在司机手账上签章，回答"出勤时间、地点正确，可以退勤"。

3. 交接班

交接班要遵循一听、二查、三交接的顺序，具体内容包括一听：听交班人员交接运营情况、车辆状况及有效命令等事项；二查：查看有关命令、运营情况、车辆状况、故障记录单及工具备品；三交接：端正站立、目迎、两转体。

交接内容主要包括确认列车表号和车次；列车运行时刻和运行早、晚点情况；故障记录单和司机报单；司机室门钥匙和备品齐全，工具箱锁闭良好；列车车辆技术状况；继续有效的调度命令；有关行车注意事项。段内预备车交接做到：双方共同试车确认。

二、填写故障记录单和报表

下面主要介绍司机手账的作用、使用和填写规则，以及故障记录单的规范化填写，行车事故报告的填写规则。

下面从司机手账、司机报单、行车事故报告、电动列车运行故障记录单四方面进行介绍。

1. 司机手账

司机在本次值乘任务退勤时填写下一个值乘任务，在司机手账上填写本次值乘任务的退勤时间，下一个任务的值乘日期、时间、地点、运行图表号、位置图号等内容，乘务中心值班人员核对无误后在司机手账上签章并允许退勤（见图4-2-3）。在下次出勤前完成身体状况及当班记事填写。其中，当班记事除了要填写本次值乘任务的详细信息外，还要认真阅读并抄录行车注意事项及重要通知，对于长期有效的调度命令或紧急要求，要抄录在手账的后两页，作为长期参考。司机手账填写完成后，由乘务中心值班员盖章生效。运行过程中，需详细记录本班次内列车安全运行情况。

2. 司机报单

司机报单的作用：重点记录乘务人员工作日的运行情况和运行里程，包括班组、车号、车次、始发站和到达站、始发到达时间、运行情况等（见图4-2-4）。

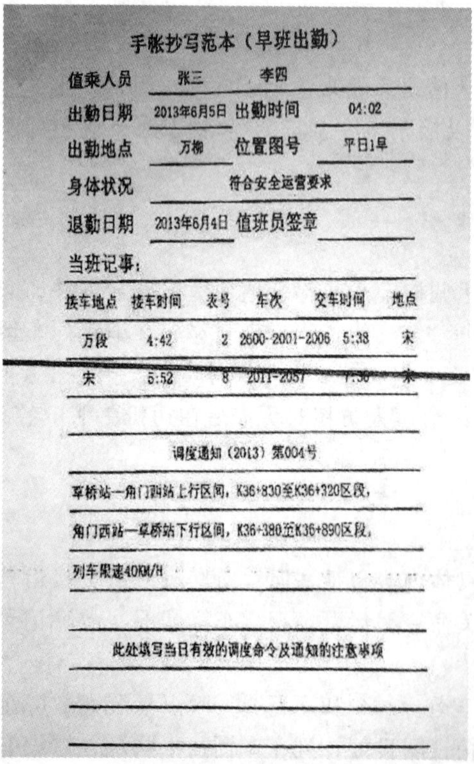

图4-2-3 司机手账范本   图4-2-4 司机报单

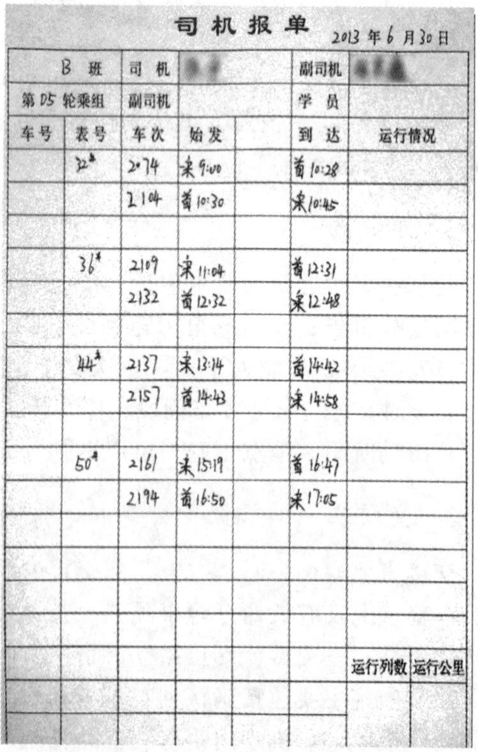

司机报单填写注意事项：
（1）按规定格式填写值乘人员姓名、日期、实际始发和到达时刻、运行里程等。
（2）将实际始发、到达时刻及晚点原因记录清楚。

3. 行车事故报告

发生或防止行车事故后，要将事故经过详细、如实地填写清楚（见图 4-2-5）。
填写注意事项：
（1）完整填写单位、姓名、车号、车次、发生事件的起始时间及恢复事件、地点、事故概况及签名。
（2）字迹工整，语言简洁，叙述事件清楚、翔实、准确。

4. 电动列车运行故障记录单

注意：故障记录单（见图 4-2-6）是随着列车而行，在司机交接班时应交接清楚。

行车事故报告

单 位	××乘务中心		车 号	
司 机	张三	副司机	李四	学 员
车 次		事故名称		发生地点
发生时间	年 月 日 时 分		恢复时间	
事故概况	×××车××次×时×分，在××站×发生××问题，如何处理，结果如何，是否晚点。			

图 4-2-5 行车事故报告

电动列车运行故障记录单(范本)

1	车号	10066	操纵车号	1#	出库时间	4时 40分
	司机	张三	副司机	李四	报修时间	填写实际出现故障时间
故障现象： 静动态试车良好，工具箱铅封良好，司机室内备品齐全，摄像头位置及两端监控良好							

2	车号	10066	操纵车号	1#	出库时间	4时 40分至6时 37分
	司机	张三	副司机	李四	报修时间	1600次至1031次
故障现象： 遇故障时此处填写故障发生的时间、车次、地点、故障现象，同时上报技术支持人员。 如：6:30分1031次××站5号车右三车门关不上，已隔离。							

3	车号		操纵车号		出库时间	时 分至 时 分
	司机		副司机		报修时间	次至 次

4	车号		操纵车号		出库时间	时 分至 时 分
	司机		副司机		报修时间	次至 次

图 4-2-6 电动列车运行故障记录单

任务三 列车整备作业

城市轨道交通列车主要包括接触轨供电列车和接触网供电列车两种，本任务主要介绍这两种列车的整备作业。

一、接触轨供电列车的整备作业

接触轨供电列车的整备作业项目实施内容包括巡视检查、起动列车、列车静态调试三部分。

1. 巡视检查

巡视检查分为送电前和送电后两部分，具体要求如下：

送电前：确认股道、车号；接触轨开关柜（见图 4-3-1）应在断电加锁状态；无作业人员、无异物侵入车辆限界；巡视过程中，对列车关键部位外观、性能等进行重点检查，其他部位适当注意。

送电后：再次巡视，目测、耳听、鼻嗅；检查列车车下各电气箱、空压机、空气管路等工作状态是否正常；严禁触碰车辆高压带电部分。

图 4-3-1 接触轨开关柜

巡视及检查具体内容：对转向架机械走行部位、制动风源塞门、高压母线、受流器状态等进行全面检查；驾驶室内保险屏柜内蓄电池开关、静止逆变器（SIV）、空压机等保险处于分断位，其他各开关按钮和司机控制器均在规定位置；灭火器压力正常，铅封良好，呼吸器、遮盖布、禁动牌、标志牌、信号器具（手信号灯、信号旗）、通信设备及工具备品齐全、作用良好。以上各项如有缺损应立即上报。

2. 起动列车

起动列车的流程如下：
（1）申请送电。
（2）确认网压。
（3）投入蓄电池。
（4）逆变器工作。
（5）启动空压机。

需要控制的相关仪表、指示灯如图 4-3-2～图 4-3-5 所示。

 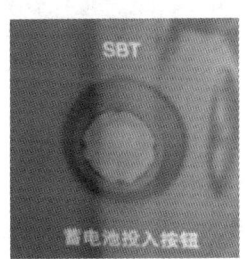  

图 4-3-2 网压表　　图 4-3-3 蓄电池投入　　图 4-3-4 DC 110 V 电压表　　图 4-3-5 空压机启动/切除开关

3. 列车静态调试

列车静态调试项目包括制动试验、客室车门试验、牵引试验、其他试验四方面。

（1）制动试验。

制动试验的具体操作：将激活钥匙打至"ON"位，方向选择开关推至"向前"位；将司机控制器手柄由"紧急"位逐级置于"惰行"位；再由"惰行"位逐级置于"紧急"位，观察监控显示器上每节车制动缸压力显示是否正常（见图4-3-6）；将司机控制器手柄置于"惰行"位，按下"强迫缓解"按钮（见图4-3-7），观察每节车制动缸压力显示，常用制动是否缓解正常；将司机控制器手柄置于常用制动位，按下紧急制动按钮，列车应起紧急制动，释放紧急制动按钮，将司机控制器手柄置于紧急制动位再置于常用制动位，紧急制动应缓解，并有相应级位制动缸压力显示；将司机控制器置于零位，按下"强迫缓解"按钮，此时观察监控显示器每节车制动缸压力显示，列车保持制动应缓解，即各制动缸压力为0。恢复强迫缓解按钮，列车应立即施加保持制动。按住"强制泵风"按钮保持不动，观察列车监控显示器显示空压机工作（见图4-3-8）。

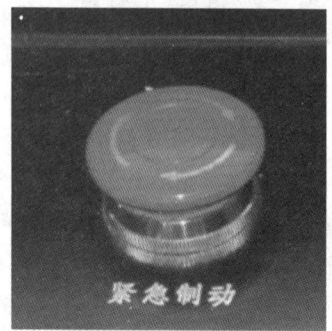 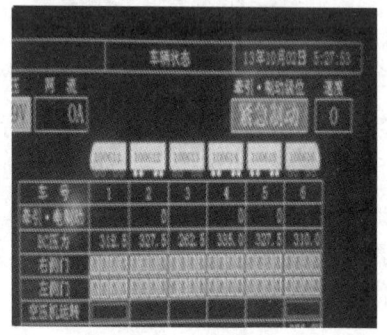

图 4-3-6　紧急制动

 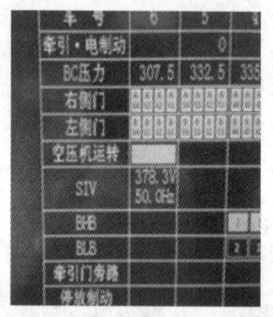

图 4-3-7　强迫泵风/强缓　　　　图 4-3-8　空压机运转

（2）客室车门试验。

图4-3-9~图4-3-13分别为客室车门按钮及车门光带显示。

客室车门试验的具体操作：确认激活钥匙置于"ON"位，按下门允许按钮，门允许灯点亮，按下左右两侧开门按钮，查看操纵台上开门指示灯点亮，关门指示灯熄灭，观察监控显示器车门开启状态，注意开门操作时按压开门按钮的时间应大于2s。开门试验完毕且全列车门开到位后，按下左右两侧关车门按钮，听到客室蜂鸣器响，待全列车门关闭到位后，操纵台上"门关好指示灯"点亮；开门时，应听到提示音响。监控显示器画面（左侧或右侧）各门显示由绿色变为黄色，便是车门开到位。按下关门按钮，应听到提示音响，监控显示器画面（左侧或右侧）各门显示由黄色变为绿色，表示车门关到位，此时开门指示灯熄灭，关门指示灯点亮，表示车门全部关闭。

 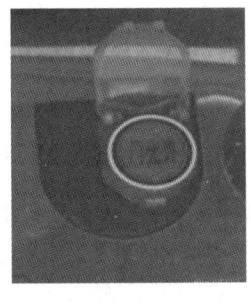 

图 4-3-9　关门灯按钮　　　　图 4-3-10　门允许按钮　　　　图 4-3-11　门允许按钮亮灯

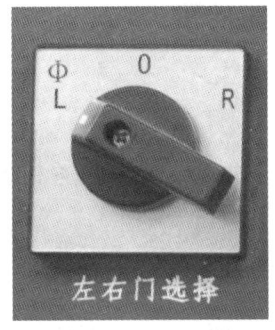 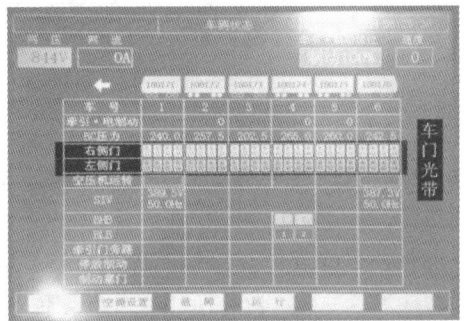

图 4-3-12　左右门选择按钮　　　　　图 4-3-13　车门光带显示

（3）牵引试验。

牵引试验的具体操作：牵引试验前，应按下操纵台上复位按钮（见图 4-3-14）3 s，待监控显示器左上角显示网压正常后方可进行试验。打开前照灯，按下"电笛"鸣笛一长声确认无人员及异物，将司机控制器（见图 4-3-15）置于零位，再推至牵引一位进行点动试验，观察监控显示器（见图 4-3-16）上显示所有动车均有牵引电流，各车保持制动缓解（BC 压力值为 0），立即施加常用制动。

  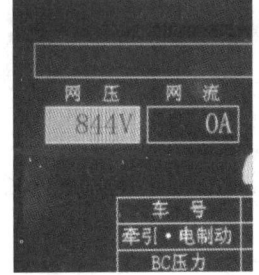

图 4-3-14　复位按钮　　　　图 4-3-15　司机控制器　　　　图 4-3-16　监控显示器

（4）其他试验。

除了前面三种试验外，列车起动前还应进行刮雨器试验、喷淋试验、广播试验、遮阳帘试验等。

二、接触网供电列车的整备作业

接触网供电列车与接触轨供电列车的整备作业大体上是一致的，下面主要介绍接触网供电列车的检查项目、静态调试的主要项目及方法和列车起动的标准程序。

（1）巡视检查包括受电弓（见图4-3-17）处于降落状态；车下检查、驾驶室检查。

图4-3-17 受电弓

（2）起动列车。

起动列车主要工作程序如下：申请送电，确认网压；投入蓄电池；升弓；逆变器工作；启动空压机。

升弓的具体操作如下：总风压力大于300 kPa，以正常方式升弓，将受电弓选择开关（见图4-3-18）打至"全弓"位，按压"升弓"按钮（见图4-3-19）2 s以上，各Mp车（带受电弓的动车）受电弓同时升起；总风压力小于300 kPa且蓄电池电压正常，用辅助风泵升弓，将受电弓选择开关打至"全弓"位，按压升弓泵启动按钮（见图4-3-20），直到HMI上显示的Mp1车受电弓不可升弓图标消失，再按压"升弓"按钮2 s以上，Mp1、Mp2车受电弓先后升起。

图4-3-18 受电弓选择开关　　图4-3-19 "升弓"按钮　　图4-3-20 升弓泵启动按钮

（3）列车静态调试。

列车静态调试包括制动试验、客室车门试验、牵引试验、其他试验四方面。

任务四　车辆段（场）作业

城市轨道交通车辆在车辆段（场）的作业主要包括出入库和出入段（场）作业，本任务将从这个两方面介绍轨道交通驾驶员作业中的具体要求。

一、出入库

1. 出库作业

（1）出库时机：依据列车时刻表，出库时刻前 10 min 打开库门（见图 4-4-1）；确认出库信号机（见图 4-4-2）显示白色灯光；得到信号楼值班员允许。

图 4-4-1　车库

图 4-4-2　出库信号机

（2）出库时与信号楼值班员联系。司机：××道（股道号）×××车（车号）出库信号已开放，可否凭信号显示运行出库；信号楼值班员：××道×××车凭信号显示运行至×号联络线；司机：凭信号显示运行至×号联络线，×××车明白。

（3）出库流程：动车前鸣笛一长声，观察无人及异物；驾驶模式采用"限制人工驾驶（RM）"；库内运行及通过车库门限速 5 km/h；车头探出车库门后停车（见图 4-4-3）；确认平交道及列车前方无人员行走或作业，鸣笛 2 s 以上，手指出库信号机，口中呼唤"出库白灯"（见图 4-4-4），再次起动列车出发；当列车头部驾驶室完全越过库外平交道后，可使用牵引二级提高车速，进入车场内运行。

图 4-4-3　车库门

图 4-4-4　出库白灯

2. 入库作业

当列车完成运营任务或是因故无法继续投入运营时需要返回车库，这是常见的两种需要入库的情况。

入库流程包括在库外平交道前停车标处一度停车；手指确认并呼唤库门开启到位及本股道三轨处于送电状态；确认平交道无人员及异物侵入限界后，将前照灯置于强光位，鸣笛一长声，继续在 RM 模式下，使用牵引一位动车，车速不得大于 5 km/h（见图 4-4-5），司机应随时注意行人和车辆状态；缓慢驾驶列车驶入库内（见图 4-4-6），在规定位置按标停车；停车后，按规定断开各负载开关（见图 4-4-7），闭合 ATP 切除开关，断开 ATP 控制电源开关、ATO 控制电源开关等，断开蓄电池开关。

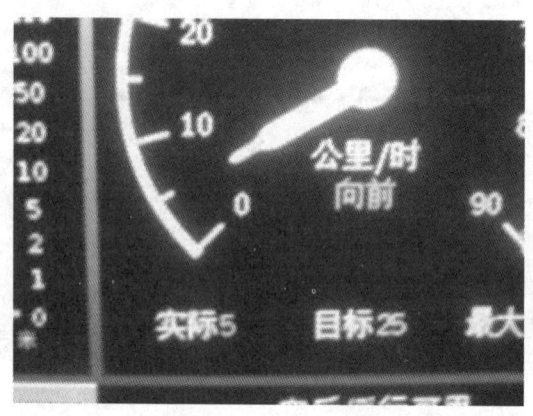

图 4-4-5　车速仪表盘

图 4-4-6　车库

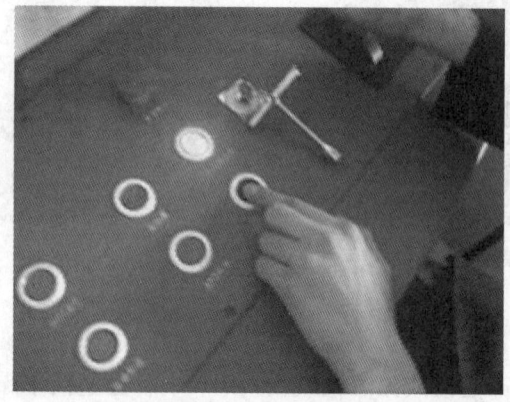

图 4-4-7　控制台

二、出入段（场）

1. 出段运行

（1）出段运行注意事项包括断开母线投入开关、电制动投入开关；断开客室日光灯等负载开关；闭合 SIV 开关和空压机开关（见图 4-4-8）。

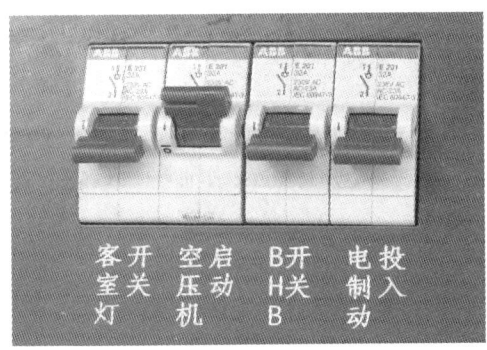

图 4-4-8　开关面板

（2）出段流程包括采用限制人工驾驶模式；速度不超过 25 km/h；精神集中，不间断瞭望，严格执行呼唤应答制度，确认途径每个调车信号机显示及道岔开通方向正确；遇显示错误或道岔异常时，立即采取紧急措施，不可臆测行驶；运行至出段信号机处，司机控制器手柄置于"紧急"位，方向选择开关手柄置于"0"位，闭合母线投入开关及电制动开关，在列车监控显示屏上操作开启空调系统。

2. 入段作业

（1）入段时机：进段信号机绿灯（见图 4-4-9）。

图 4-4-9　进段信号机

（2）入段流程：在进段高柱信号机前一度停车；断开母线投入开关、电制动投入开关、列车空调或电热器、客室照明；保持静止逆变器（SIV）及空压机处于工作状态；进段信号机开放后，降至限制人工驾驶模式；与信号楼值班员联系，得到准许后，人工驾驶列车入段，手指确认并呼唤沿途每架地面调车信号机显示的白色灯光及道岔开通方向正确，在入库平交道前一度停车。

（3）入段（库）标准用语。司机：×××车入段高柱信号已开放，可否凭信号显示运行回库；信号楼值班员：×××车凭信号显示运行至××道东库/西库/南库/北库；司机：凭信号显示运行至××道东库/西库/南库/北库，×××车明白。

任务五　正线运行及操作

城市轨道交通车辆主要在正线运行，因此城市轨道交通驾驶员必须掌握车辆正线运行的操作。驾驶员在正线运行的操作主要包括标准化作业、CBTC下的正线操作运行、站台及开关门作业和广播作业四个方面。

一、标准化作业

1. 列车运行的一般要求

（1）安全驾驶。

安全是地铁运营的第一标准，严格执行"五做到、七禁止"，严守运行速度，不超速。

（2）准点运行。

严格按照列车运行图规定的运行时刻操纵列车，时刻观察列车出发计时器（TDT）显示（见图4-5-1），不违章行车、不臆测行车、不盲目抢点运行。

项　目	显示内容
未到达规定的发车时刻	倒计时
到达规定的发车时刻	000
超过规定的发车时刻	正计时

图4-5-1　列车出发计时器（TDT）

（3）坐姿标准。

坐姿标准包括自动驾驶模式的坐姿和人工驾驶模式的坐姿两种，如图4-5-2和图4-5-3所示。

（4）正确执行。

（5）调度命令。

调度命令必须服从行车调度员的指挥，发现突发情况及时向行车调度员汇报，相互间应认真履行调度命令复诵制度。

图 4-5-2　列车自动驾驶模式下标准坐姿　　　图 4-5-3　列车人工驾驶模式下标准坐姿

2. 五确认和呼唤应答制度

1）五确认

（1）确认信号、凭证。

开车前要确认信号显示及各种行车凭证无误后，方可按规定动车。

（2）确认线路、道岔。

驾驶中应不间断瞭望，确认线路无人员及障碍物，并认真确认需经过的道岔的开通方向。

（3）确认关门状态。

运营中司机须通过 PSL（屏蔽门就地控制盘）指示灯确认屏蔽门关闭状态；并通过列车关门指示灯、列车状态显示屏显示，确认车门已关好；屏蔽门与车门间的间隙无夹人、夹物后方准上车。

（4）确认操纵部件。

动车前全面确认各司机室操纵按钮、开关及手柄位置；特别应注意确保更换操纵台时两端司机室的操纵部件位置正确。

（5）确认车次、时刻表。

动车前要认真确认规定开行的车次（方向）与运行时刻，由车辆段发车时要特别注意运行方向。

2）一执行

列车运行中，司机要认真执行呼唤应答制度（见图 4-5-4）。

图 4-5-4　一执行

（1）单司机制：自己呼和答。

（2）双司机制：非操纵司机呼唤，操纵司机应答。

二、CBTC下的正线操作运行

CBTC系统（Communication Based Train Control System）是基于无线通信的列车控制系统。

CBTC系统的特点：用无线通信媒体来实现列车和地面设备的双向通信。

我国使用无线自由波、波导管（见图4-5-5）、漏波电缆或三种互相组合的地-车信息传输方式。

图4-5-5 波导管

下面介绍基于无线通信的列车控制系统中自动驾驶和人工驾驶的具体操作。

1. 自动驾驶

（1）起动列车（见图4-5-6）。

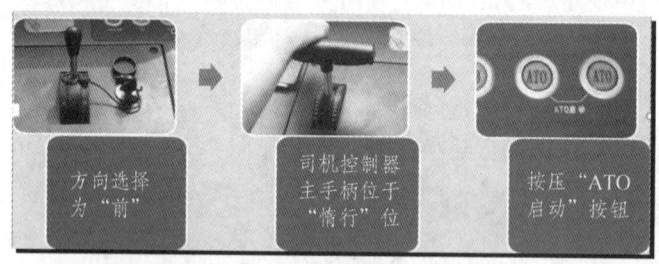

图4-5-6 起动列车操作过程

（2）运行中注意查看列车状态和运行情况（见图4-5-7）：ATO运行中，列车的起动、加速、惰行、制动、精确停车、开关门及折返等所有运行指令都由车载信号设备控制发出，通过信号系统与列车网络通信提供给列车牵引和制动系统，不需司机操作；当手柄离开"惰行"位时，列车将退出ATO自动驾驶；在运行中，如果发现区间内有人员和影响行车的障碍物和其他异常情况时，司机应立即停车并报告；运行中，司机要正确开放广播、乘客信息显示系统，通过CCTV系统观察车厢内情况。

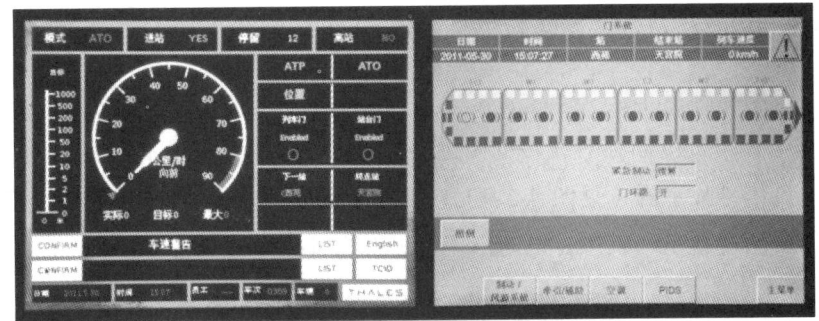

图 4-5-7 列车运行状态显示

2. 人工驾驶

在正线运行时，应采用带有 ATP 防护的人工驾驶模式（见图 4-5-8）。

图 4-5-8 人工驾驶

（1）人工驾驶的特点：司机人工操作列车，列车的速度、监控、运行及制动等所有运行指令在车载信号设备的限制下，由司机人工操作，ATP 根据给定的速度曲线监督列车的运行，并在超过最大允许速度时实施紧急制动。

（2）牵引操作过程包括逐级推动司机控制器主手柄；用牵引一位将列车牵引起来后，逐级推至牵引四位加大牵引力，待列车运行平稳、接近目标速度后再根据线路情况操作司机控制器。

（3）制动操作包括实施常用制动时，应考虑列车速度、线路情况、列车载重等条件，准确掌握制动时机和减速度大小，保持列车均匀减速；严禁突然使用较大的制动力；列车进入车站实施减速直至停车的过程，要求必须逐级制动；在实际运行中，应根据目标速度、通过使用牵引或制动手柄适当调速，使列车以接近目标速度的速度运行，保证列车的正点、安全。

三、站台及开关门作业

本项目实施内容包括自动驾驶模式下的站台作业和人工驾驶模式下的站台作业两部分。站台作业包括三个步骤：对标停车、开关门及乘客乘降、发车。

1. 自动驾驶模式下的站台作业

（1）列车自动对标停车。

在此过程中，司机应加强对线路的瞭望（尤其是未安装屏蔽门的线路），发现异常果断采取措施；通过信号显示屏（见图 4-5-9）查看列车速度，确保 ATO 系统运行正常；通过列车状态显示屏密切观察车门状态，以防出现意外；保证列车对标停车。

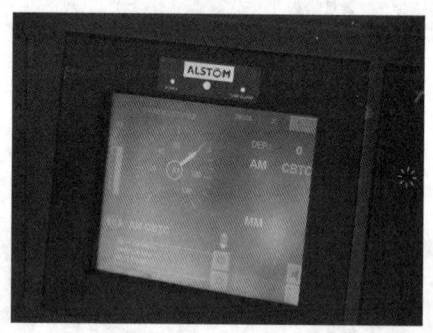

图 4-5-9　信号显示屏

（2）开门操作流程见图 4-5-10。

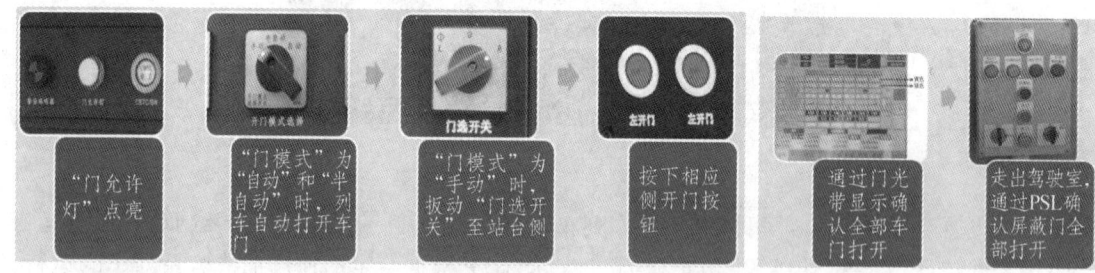

图 4-5-10　开门操作流程

（3）站台立岗（见图 4-5-11），监护乘客乘降，注意观察 TDT 的时间。

图 4-5-11　站台立岗

（4）关门操作流程见图 4-5-12。

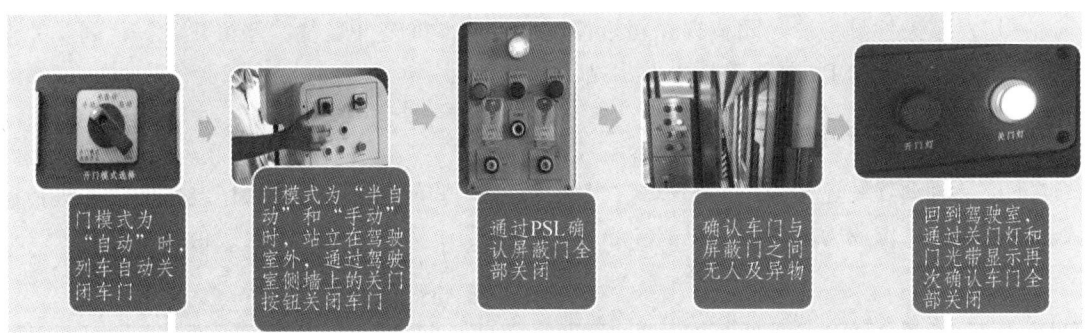

图 4-5-12 关门操作流程

（5）发车操作流程见图 4-5-13。

图 4-5-13 发车操作流程

2. 人工驾驶模式下的站台作业

（1）对标停车。

进站速度不高于 40~50 km/h，操纵列车平稳停在规定位置（见图 4-5-14）。

图 4-5-14 停车标

（2）手动开门。

参考"门模式"为"手动"的开门作业。

（3）站台立岗，监护乘客乘降，注意观察 TDT 的时间。

（4）关门。

参考"门模式"为"手动"的关门作业。

（5）发车。

一切发车条件具备后,司机握住司机控制器手柄,推至 P1 位,停留几秒,待列车完全起动后,再逐级推向 P4 位,牵引列车出站。

3. 呼唤应答程序

不论是自动驾驶还是人工驾驶模式,都应该遵守呼唤应答制度对操作设备的状态进行确认。仅以双司机作业为例说明(见表 4-5-1),在练习时,可参考本地地铁企业要求。

表 4-5-1 呼唤应答程序

序号	作业内容	手指设备	呼唤内容	应答内容
1	将列车停于站台规定位置后,进行开门作业	站台侧开门按钮	开左门(或开右门)	开左门(或开右门)
2	站在座椅旁,通过信号显示屏确认车门全部开启	信号显示屏运行界面	车门全开	车门全开
3	开启站台侧驾驶室侧门,通过 PSL 确认屏蔽门全部开启	屏蔽门就地控制盘开门指示灯	屏蔽门全开	屏蔽门全开
4	确认 PSL 显示安全门开启状态无异常后,及时站在规定位置面向站台侧监护乘客上下列车(站台监护),按规定关闭车门	PSL 关闭锁紧指示灯	屏蔽门全关	屏蔽门全关
5	确认车门与屏蔽门缝隙	车门与屏蔽门缝隙	无异物	无异物
6	回到驾驶室,关闭侧门,观察"车门全关闭"灯及信号显示屏情况	门全关闭指示灯(或门关好灯)	车门关好	车门关好
7	恢复门选向开关(若使用)确认发车条件具备	出站信号机	出站信号	出站绿灯

4. 终点站作业

终点站作业流程见图 4-5-15。

图 4-5-15 终点站作业流程

四、广播作业

1. 列车广播系统

（1）列车广播设备主要由驾驶室设备、客室设备和辅助设备构成。

（2）两端的驾驶室各有一套设备，两套设备互为热备份。

（3）驾驶室主要设备包括驾驶室广播系统主控设备、司机控制单元、驾驶室对讲装置（见图4-5-16）。

（4）客室主要设备包括客室主控设备、电子地图显示、乘客紧急通话装置、客室噪声检测器、音箱。

2. 广播系统功能

广播系统可以进行数字式语音自动广播、人工播放站名和注意事项、两端驾驶室之间的对讲通话、电子地图信息播放、功能优先级设置、客室紧急报警通话、预录紧急广播信息、从控制中心对列车进行广播。

图4-5-16　司机室对讲装置

3. 广播系统优先级（高→低）

运营控制中心（OCC）对列车广播（紧急广播）；乘客紧急报警；司机室对讲；人工语音广播；自动语音广播；实时新闻播放。

4. 广播作业

广播作业注意事项如下：

（1）时刻关注各节车厢中乘客的状态，通过广播系统与乘客进行良好沟通；

（2）积极主动地与车上乘客进行沟通，正确表达行车必要信息；

（3）用亲切、和蔼、礼貌的态度为乘客服务；

（4）在遇突发事件时，冷静、准确、恰到好处、流畅地进行广播，使乘客积极配合司机的工作。

图4-5-17为广播作业内容。表4-5-2为人工广播标准用语。

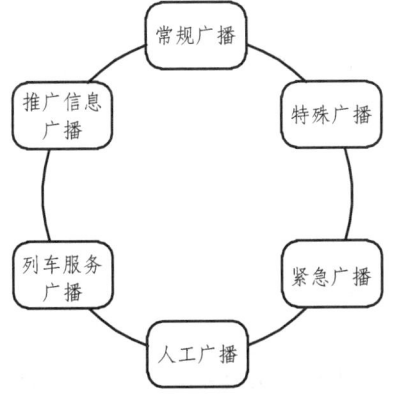

图4-5-17　广播作业内容

表 4-5-2　人工广播标准用语

广播情景	人工广播标准用语
区间临时停车超过 1 min	各位乘客：您好，现在是临时停车，请大家耐心等待，给您带来的不便请您谅解，谢谢合作
站台临时停车超过 2 min	各位乘客：您好，由于（地铁设备）故障，请大家耐心等待，给您带来的不便请您谅解，谢谢合作
车辆发生故障造成临时停车	各位乘客：您好，由于（地铁设备）故障，请大家耐心等待，给您带来的不便请您谅解，谢谢合作
列车在站通过	各位乘客：您好，接调度命令，本次列车在××站通过不停车，有在该车站下车的乘客请您提前下车，在站台等候下次列车。给您带来的不便请您谅解，谢谢合作
列车清客	各位乘客：本次列车将会在前方站退出运营服务，请您携带好随身物品，到站下车，在站台等候下次列车。给您带来的不便请您谅解，谢谢合作
列车在区间发生火灾、爆炸等突发事件	各位乘客：您好，车厢内发生突发事件，大家不要惊慌，我们正在积极处理，请大家协助维护车内秩序，给您带来的不便请您谅解，谢谢合作
缓解乘客紧张情绪的信息提示	各位乘客：目前情况已完全受到控制，请保持镇定。有进一步的消息，我们会尽快通知大家。谢谢您的配合
信号设备故障、列车产生紧急制动	各位乘客：由于信号设备故障，列车产生紧急制动，给您带来的不便请您谅解，谢谢合作
车门（或屏蔽门）故障	乘客请注意，现在列车×号车厢的×号车门（或屏蔽门）不能开启，下车的乘客请从其他车门下车，给您带来的不便请您谅解，谢谢合作

任务六　折返作业

城市轨道交通车辆的折返作业包括终点站折返和中间站折返两种，下面对这两种折返作业进行阐述。

一、终点站折返

1. 终点站折返线布置及折返方式

（1）终点站站前折返。

在车站前端设置辅助线，在站台末端前完成折返调头的折返方式，折返线结构简单，道岔设备少，一般适用于折返量较小的车站（见图 4-6-1 和图 4-6-2）。

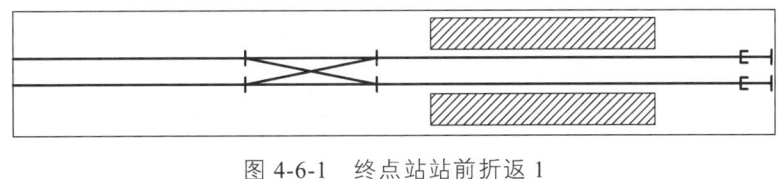

图 4-6-1 终点站站前折返 1

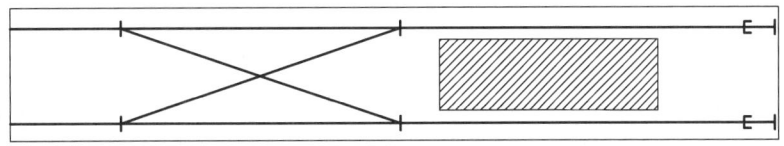

图 4-6-2 终点站站前折返 2

当受周边条件限制只能采用站前折返形式而折返能力需求又较高时，可通过增加站台和配线来实现（见图 4-6-3 ~ 图 4-6-5）。

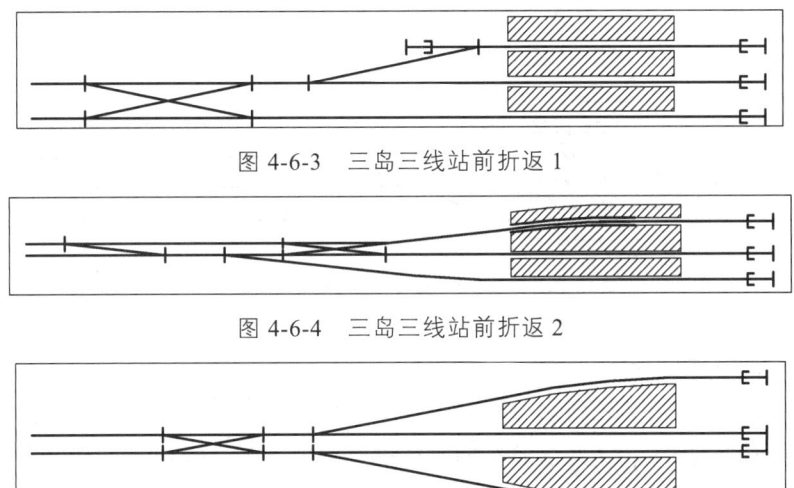

图 4-6-3 三岛三线站前折返 1

图 4-6-4 三岛三线站前折返 2

图 4-6-5 双岛四线站前折返

（2）终点站站后折返。

在车站后端设置辅助线，列车在站台清客后完成调头折返（见图 4-6-6 ~ 图 4-6-8）。

站后折返方式列车控制简单，作业安全性好，车站上下客与列车折返作业分离进行，不仅避免了上下客流的对冲，而且在进行折返作业时，还能进行车厢内部清洁工作。

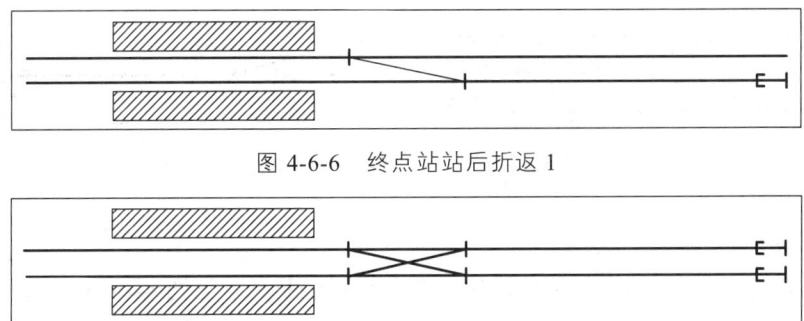

图 4-6-6 终点站站后折返 1

图 4-6-7 终点站站后折返 2

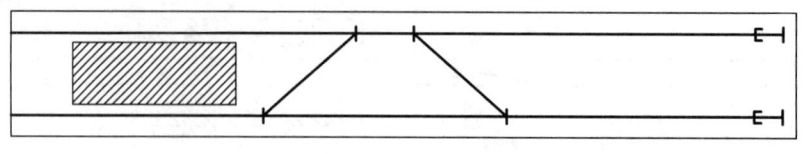

图 4-6-8　终点站站后折返 3

根据运营需求，岛式车站还可以利用上下行线间的空间，布置单线或双线折返（见图 4-6-9 和图 4-6-10）。这种形式的车站规模较大，但增加了存车线，当停车场距离车站较远时，适合采用此种配线，以减少列车空驶距离。

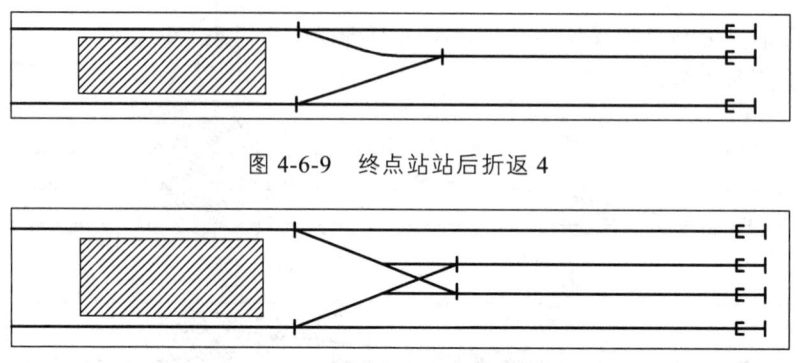

图 4-6-9　终点站站后折返 4

图 4-6-10　终点站站后折返 5

（3）终点站混合折返。

同时具有站前、站后两种折返方式，其基本原理是在普通折返线的基础上，通过合理增设站台或配线，形成接车、转线、发车的平行进路，使两列（或以上）列车在站内能平行完成折返作业，提高折返能力（见图 4-6-11 和图 4-6-12）。

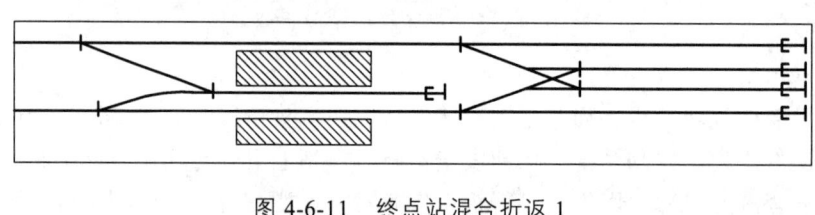

图 4-6-11　终点站混合折返 1

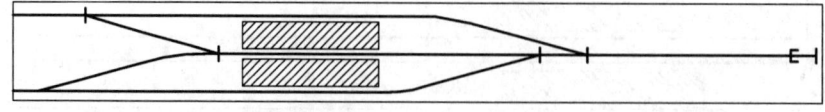

图 4-6-12　终点站混合折返 2

（4）终点站循环折返。

在站后设置灯泡环形线，利用该线达到转向折返的目的（见图 4-6-13）。这种折返形式需要适合的地形条件，线路长度也明显增加，目前在城市轨道交通中基本不采用此形式。

- 126 -

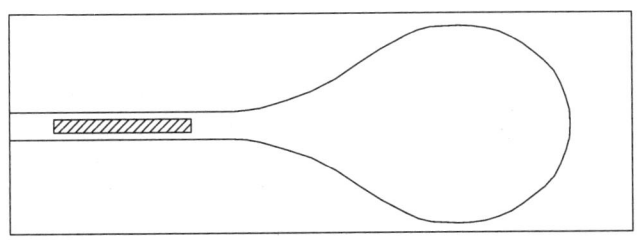

图 4-6-13 终点站循环折返

2. 折返原理

（1）使用折返轨进行列车无人折返。

信号系统接收到无人自动折返指令信号后，通过轨旁无线（DCS）传输相关信息，确保 SICAS 联锁系统和自动进路排列系统（ARS）完成进路设置，车载 ATP 能够收到相关移动授权，由车载系统自行完成折返。Tc1 端将对系统的整个折返过程进行监控，Tc1 端控制列车从终点站下行站台开始进行无人自动折返，运行至折返轨 I 道或 II 道停车；自动折返运行进路设置后，Tc1 端控制列车由折返轨 I 道或 II 道出发，列车执行无人折返，并将列车停在出发站台，在列车停稳且 ATP 释放车门后，ATO 车载设备自动打开车门和站台屏蔽门（见图 4-6-14）。

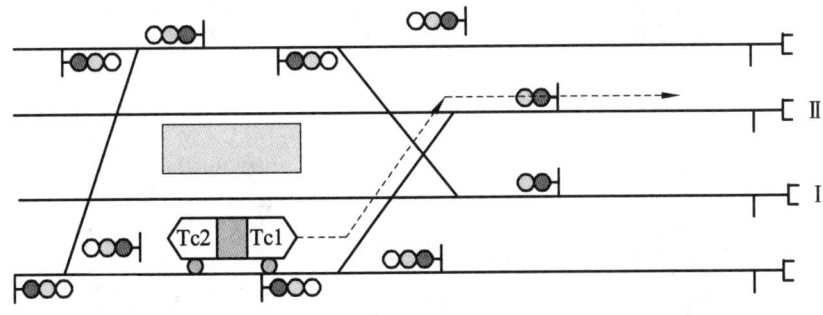

图 4-6-14 折返原理

（2）停稳时的列车自动换端。

ATO 模式下人工驾驶进行自动折返，列车以 ATO 模式进入折返线停稳后司机按压折返按钮后换端，司机确认进路开放后开钥匙按压 ATO 按钮，列车自动运行至发车站站台自动开门上下客。

（3）手动换端原理。

即 ATP 防护下的人工驾驶，是指列车的折返操作由司机来执行，ATP 进行监督，在这种情况下无 ATO 自动驾驶模式。当所有车门和屏蔽门关闭后，司机按压 AR 按钮，人工驾驶列车到折返轨，改变驾驶室并驾驶列车到出发站台，然后人工打开车门和站台屏蔽门。

3. 自动驾驶折返和人工驾驶折返

1）自动驾驶折返

（1）操纵台转换作业见图 4-6-15 和图 4-6-16。

（2）自动折返流程见图 4-6-17~图 4-6-19。

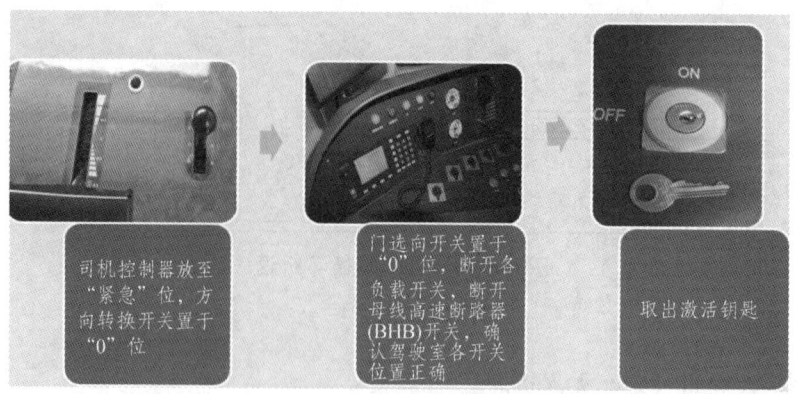

图 4-6-15　自动驾驶折返 1

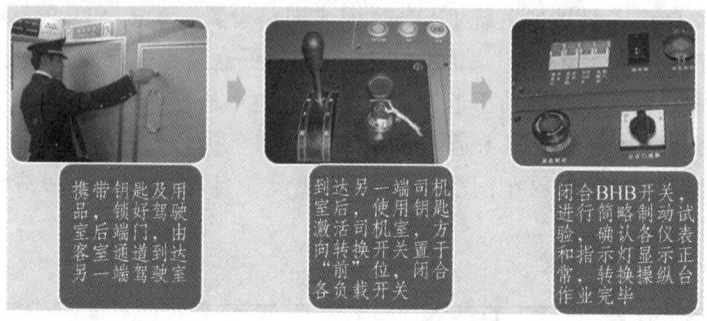

图 4-6-16　自动驾驶折返 2

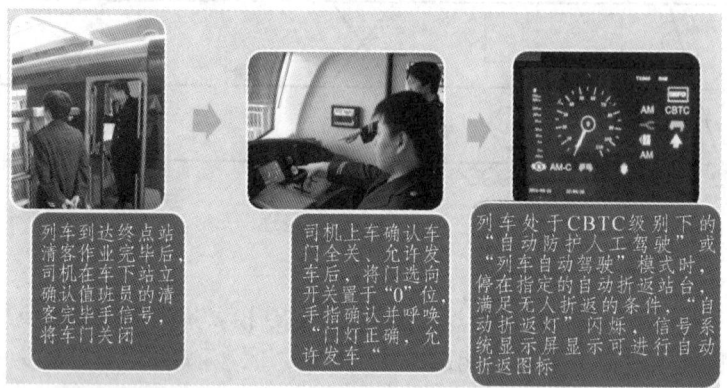

图 4-6-17　自动驾驶折返 3

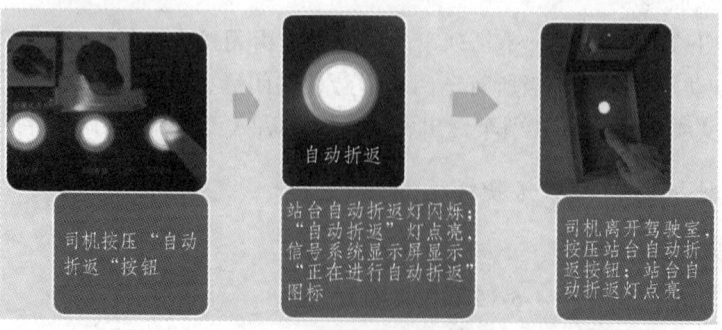

图 4-6-18　自动驾驶折返 4

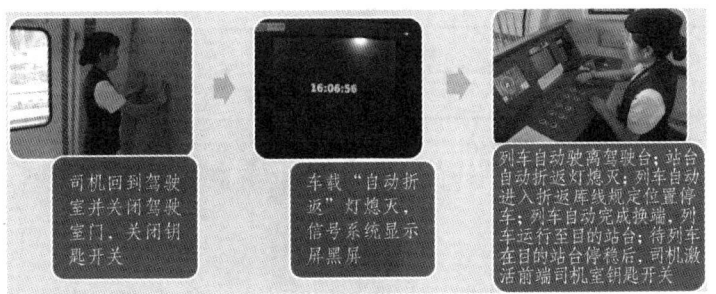

图 4-6-19 自动驾驶折返 5

2）人工驾驶折返

两名司机在首尾驾驶室配合完成，流程如图 4-6-20 所示。

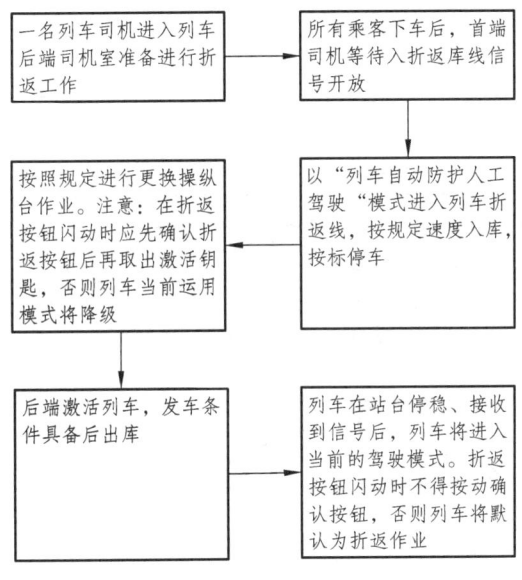

图 4-6-20 人工驾驶折返流程

二、中间站折返

1. 中间站站前折返

如图 4-6-21 和图 4-6-22 所示的折返线，作业组织灵活，折返列车转向时与后续列车无敌对进路交叉，折返间隔短，提高了折返能力。

其缺点是车站规模较大，站台利用效率较低。当采用"一岛一侧式"的布置形式时，需注意将岛式站台两侧股道的终点方向保持一致，避免乘客错过列车的停靠站台。

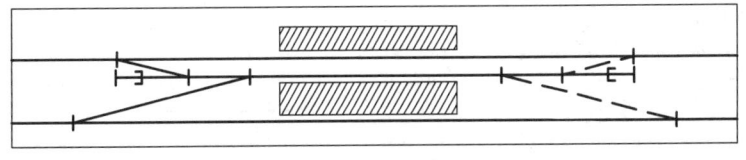

图 4-6-21 一岛一侧式

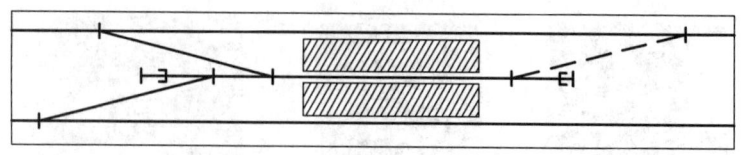

图 4-6-22　双岛式

2. 中间站站后折返

当需采用岛式站台方案时，列车折返作业形式与作为起终点站时的折返形式相同。当折返线尾部与上下行正线连通时，还能实现双向列车的折返作业，但远端道岔距离车站较远，不利于管理和维修（见图 4-6-23～图 4-6-25）。

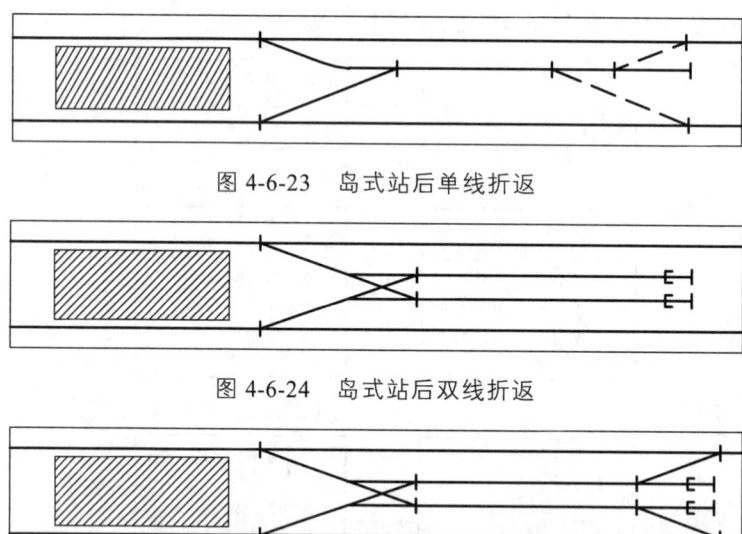

图 4-6-23　岛式站后单线折返

图 4-6-24　岛式站后双线折返

图 4-6-25　岛式站后双线折返（贯通）

当需采用侧式站台方案时，可采用如图 4-6-26 和图 4-6-27 所示的形式折返，此方案结构简单，也能满足双向折返需要。其缺点是远端道岔较远，不利于管理和维修，且折返作业对正线有干扰。

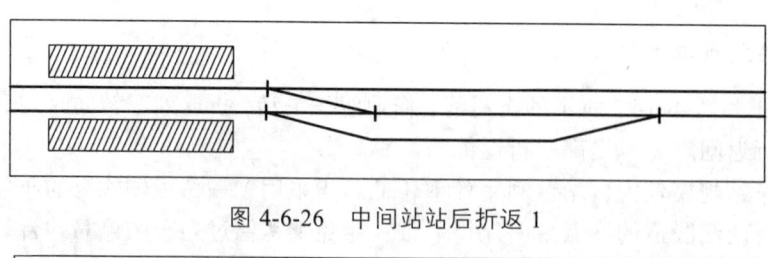

图 4-6-26　中间站站后折返 1

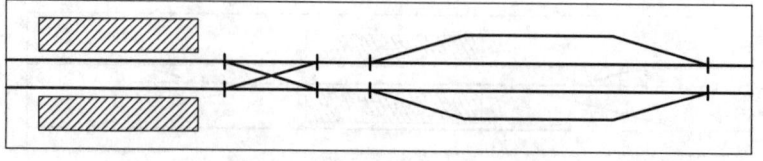

图 4-6-27　中间站站后折返 2

3. 中间站双向折返

中间站双向折返形式见图 4-6-28～图 4-6-30。

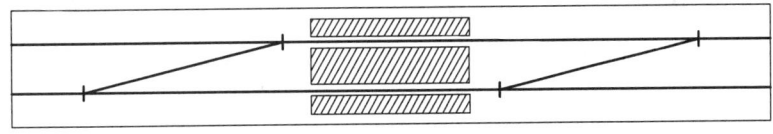

图 4-6-28　中间站双向折返 1

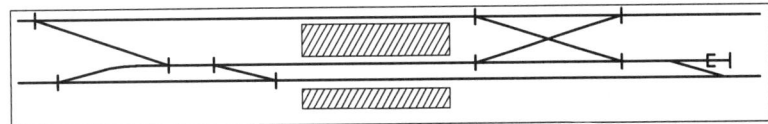

图 4-6-29　中间站双向折返 2

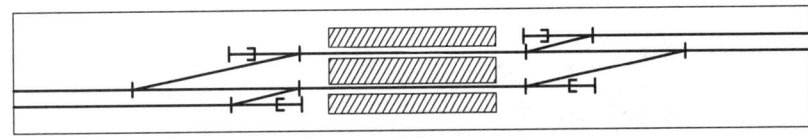

图 4-6-30　中间站双向折返 3

4. 中间站折返操作

中间站折返操作分为自动折返和人工折返，其原理及操作与终点站折返相同，参见终点站折返的操作进行练习。

任务七　非正常情况下的运行及操作

非正常情况下的城市轨道交通电动列车运行与操作，对驾驶员的综合素质要求更高。本任务对特殊天气下的驾驶运行、反方向运行、推进运行、列车退行、冒进出站信号机的操作 5 种非正常情况下驾驶员的操作进行详细阐述。

一、特殊天气下的驾驶运行

特殊天气下的驾驶运行，要求驾驶员了解特殊天气的相关规定和行车的影响。能正确判断天气条件，掌握特殊天气下的操作规范，能根据不同天气条件进行正确操作运行。下面从特殊天气对行车的影响和特殊天气下的运行操作两个方面进行介绍。

1. 特殊天气对行车的影响

图 4-7-1 为 5 种特殊天气。

图 4-7-1　五种特殊天气

（1）特殊天气的影响——大风天。

案例一：2007 年 2 月 28 日 2 时 05 分，乌鲁木齐开往阿克苏的 5807 次旅客列车行至南疆线珍珠泉至红山渠间 42 km+300 m 处，因大风造成机后 9～19 位车辆脱轨（见图 4-7-2），3 名旅客死亡，2 名旅客重伤，32 名旅客轻伤，南疆线被迫中断行车。据测风仪记录，列车脱轨地点瞬间风力达到 13 级。

图 4-7-2　特殊天气的影响——大风天

案例二：2005 年 1 月 31 日大风，北京地铁 13 号线回龙观站附近一简易房屋顶被大风刮落，砸在地铁铁轨上，铁轨上有 4 块 1 m×4 m 大小的薄铁板，还有塑料泡沫等物品，造成地铁列车短暂停运近 10 min。

大风可颠覆车辆，使列车脱轨，或使之失控和停驶。大风还可能刮起异物到车辆限界内，影响列车正常运营。

（2）特殊天气的影响——雨天。

案例三：2011 年 6 月 23 日，北京遭遇暴雨侵袭，地铁 4 号线陶然亭站西南口形成雨水倒灌的现象（见图 4-7-3）。北京地铁全部地面线路改为手动驾驶模式运行，适时增开临客应对大客流。

雨天对安全行车的影响是巨大的：司机的视线受阻；轨道黏着力变小，若不能正确控制列车牵引和制动，则会造成车轮打滑；雨天还有可能造成正线地势较低处的部分电缆被水浸泡，造成电缆局部短路打火，影响电网正常供电。另外，雨天会造成地铁客流激增，这对客运服务提出了极大的挑战。

（3）特殊天气的影响——雪、霜天。

图 4-7-3　特殊天气的影响——雨天

案例四：2006年2月18日，上海因大雪紧急启动地铁应急预案。"今天凌晨5点30分左右，我们已向各地面车站发出了紧急通知。"安服部副主任告诉记者，"虽然今天的最低气温还未到零摄氏度以下，但为了做好防范工作，总调室已启动了应急预案。工作人员提前半小时上班，在容易积雪的车站出入口铺设了防滑麻袋；清洁工加强不间断的清扫工作，防止积雪；在各车站竖起了"小心路滑"的黄色警示牌，并加强广播宣传提醒乘客。应急预案还特别要求梅陇停车基地、上海火车站站、中山公园站、上海南站站、石龙路站等折返车站，以及宝山路、虹桥路两个共线运营的接口车站要预防道岔结冰。在特殊天气下，每晚擦洗道岔后撒上工业盐防冻（见图4-7-4）"。

图4-7-4 特殊天气的影响——雪、霜天

出现大范围降雪和降霜时，可能会导致：尖轨滑床板冰冻、尖轨与基本轨无法密贴、接触轨冰冻无法与受流器接触造成机车无电、钢轨冰冻造成车辆牵引制动受影响、乘客摔伤等。大雪天还会导致能见度下降、司机视线受阻，以及轨道黏着力变小，车轮易打滑。

（4）特殊天气的影响——雾天。

案例五：2006年11月20日，北京发布大雾黄色预警（见图4-7-5）。21日，地铁13号线立水桥—霍营、上地—五道口两区段行车受到影响，能见度仅二三十米，司机不得不停下车瞭望信号，造成早高峰部分列车晚点，大量乘客滞留车站。

图4-7-5 特殊天气的影响——雾天

2. 特殊天气下的运行及操作

在车场及地面线路运行中遇恶劣的大风、雨、雪、冰、霜、雾等特殊天气，影响行车安全时，司机应及时向行车调度员或相关站行车值班员报告；司机应在乘务长/司机队长的统一组织下严格听从行车调度员、信号楼的命令并遵照执行。

（1）瞭望距离不足条件下的操作。

雾天、雨天和雪天都有可能使司机在驾驶列车运行时，瞭望距离不足。

列车在地面线路运行遇特殊情况，瞭望困难时，司机应参考线路条件，遵守地铁公司的限速要求，及时将情况报告行车调度员或相关站综控员，必要时开启前照灯，适时鸣笛，适当降低速度。当看不清信号、道岔时，宁可停车确认也不可盲目臆测行车。

北京地铁某构造速度 80 km/h 的线路瞭望距离不足的限速要求见表 4-7-1。

表 4-7-1　不同瞭望条件下的限速值

列车司机驾驶瞭望条件	列车运行限速/(km/h)
瞭望距离不足 100 m	50
瞭望距离不足 50 m	30
瞭望距离不足 30 m	15
瞭望距离不足 5 m	立即停车，与行车调度员或车站行车值班员联系，按其指示办理

（2）遇雨天的操作。

司机在雨天操纵列车时，应时刻观察线路情况并保持与行车调度员联系，发现影响行车时应立即上报，不应贸然行车。当雨大影响视线时，司机应通过呼唤应答确认线路情况，保证列车正常运行。

司机在使用司机控制器手柄进行牵引时，当出现打滑时应立即将手柄回到"惰行"位，待速度正常时再重新使用手柄进行低级位牵引。在使用司机控制器手柄进行制动时，要适当延长制动距离，并时刻警惕打滑的出现，当打滑现象出现时不应使用紧急制动按钮，应使用低级位常用制动将速度控制好，视实时速度，根据情况追加或缓解制动，确保列车在规定位置停车。

司机驾驶列车通过线路上的岔区时，应提前减速并观察信号显示灯光、道岔位置是否正确。

列车在运行中发现积水漫过道床排水沟时，如接触轨能正常供电，司机应以能随时停车的速度运行，并及时将情况报告给行车调度员或车站综控员。

因水灾造成路基塌陷、滑坡等危及行车安全时，应立即停车，将情况如实报告给行车调度员，按其指示行车。

（3）遇雪、霜天的操作。

司机在雪天、有冰霜的天气下操纵列车时，应时刻观察线路情况并保持与行车调度员联系，发现影响行车应立即上报，不应贸然行车。

从停车库出车时，司机在确认降雪高度不超过接触轨但超过走行轨时，应立即与段、场信号楼联系，待轨面出清后方可动车。

列车起动时，司机控制牵引各级位要顺序操作，严格遵守"逐级牵引"的要求，防止发生空转；如发生空转，及时将司机控制器退回"惰行"位，空转结束后方可继续操作运行。

在使用司机控制器制动时，应时刻注意打滑的出现。在接近下坡或将要进站时，应提前采用小级位制动防止打滑的出现。

在雨、雪、冰、霜等易产生车轮打滑的天气下，列车从高架站、地面站出站时，应合理使用司机控制器手柄进行牵引，平稳起动列车以免造成车轮打滑。进站时，应时刻注意站前 200 m 标所在位置，当看到 200 m 标时，应采取制动措施。当列车到车站尾端墙时，车速应控制在 35～40 km/h 以内，以防冒进信号事故的发生，保证列车平稳准确地停于站内停车标处。

（4）遇大风天的操作。

列车在运行中遇有大风恶劣天气，危及行车安全时，司机应及时与行车调度员或相关站行车值班员联系，接到通知后，按其指示行车。

当突遇大风，司机未接到通知时，应立即采取减速措施，必要时立即停车，并及时将情况报告给行车调度员或前方站行车值班员。

大风天的限速要求如表 4-7-2 所示。

表 4-7-2　大风天的限速值

风　速	运行线路区段	列车运行限制
8 级及以上大风	风力波及线路区段或行车调度员通知的范围之内	停止运行
8 级以下至 7 级大风	风力波及线路区段或行车调度员通知的范围之内	以不超过 60 km/h 的速度运行

二、反方向运行

反方向是指在双线单向运行的区间因某种需要，按有关规定临时组织列车在线路上与规定方向反向运行的情况。下面将从反方向运行的条件、反方向运行时司机的操作、反方向运行时的行车组织三方面进行详细阐述反向运行的具体操作。

1. 反方向运行的条件

反方向运行的条件见图 4-7-6。

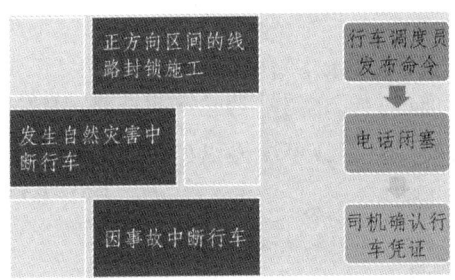

图 4-7-6　反方向运行的条件

2. 反方向运行时司机的操作

反方向运行时司机的操作见图 4-7-7。

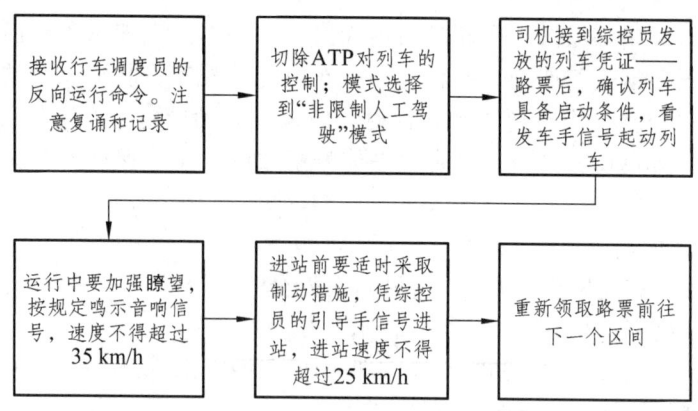

图 4-7-7　反方向运行时司机的操作

3. 反方向运行时的行车组织

（1）首先，由行车调度员下达调度命令，并将调控权下放到车站。

（2）发车站的操作包括核对运行计划，确认列车的车次和位置；确认发车区间空闲后，向接车站请求闭塞；接收电话、电报号码及闭塞承认时分，填写《行车日志》；办理发车进路；填写路票，将路票交递给司机，以手信号发车；本次列车出发后，向接车站通报列车车次及发车时分，双方填写《行车日志》；待列车从接车站发出后，接收到闭塞解除时分，填写《行车日志》。

（3）接车站的操作包括等待发车站的闭塞请求；接到发车站的闭塞请求后，确认接车区间、接车线路空闲，办理接车进路；向发车站发出电话、电报号码及时分，填写《行车日志》；接收发车站发车车次及时分，填写《行车日志》；待列车到达出站信号机内方，显示引导手信号将列车引导进站；列车整列到达后，填写《行车日志》，并向发车站发出闭塞解除时分，再次填写《行车日志》。

三、推进运行

1. 推进运行的操作

（1）推进运行的时机：推进，即在尾端驾驶室按线路规定方向操作列车运行。

（2）使用条件：在前方操纵台因故不能操纵列车时采用，须得到行车调度员的准许。

图 4-7-8 为推进运行的步骤。

2. 推进运行的注意事项

推进运行的操作须由两名司机合作完成；必须严格执行呼唤确认信号制度，保持不间断联系；推进允许速度为 30 km/h；推进时，尾端司机操纵列车，前端司机负责瞭望信号、线路情况，并随时通知副司机实施牵引或制动。

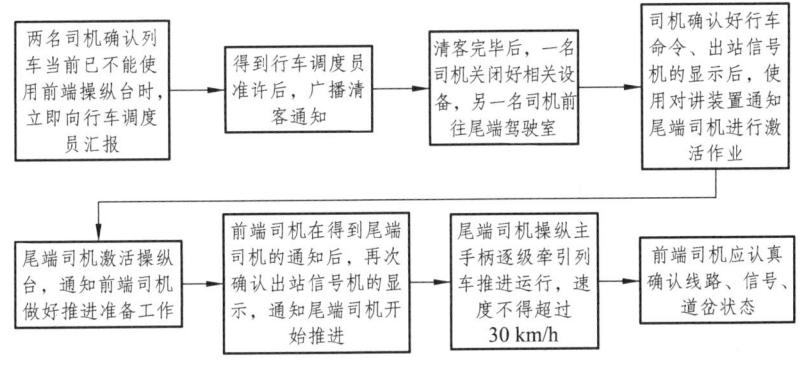

图 4-7-8　推进运行的步骤

四、列车退行

1. 列车退行的操作步骤

列车退行的操作步骤见图 4-7-9。

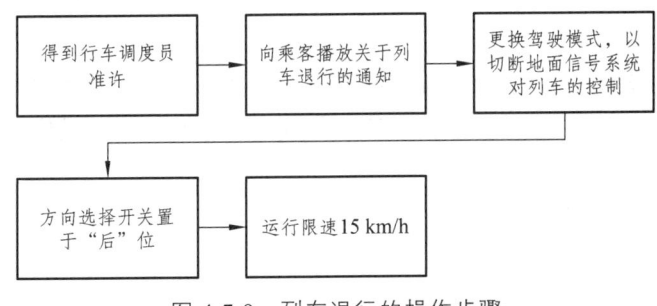

图 4-7-9　列车退行的操作步骤

2. 列车退行的注意事项

列车退行须由行车调度员准许、发布调度命令后，司机才能进行，切不可私自操作；退行时，要求驾驶模式为"限制人工驾驶"模式，这一步操作是为了切断地面信号系统对列车的控制。

3. 列车退行的行车组织

接车站综控员确认接车线路空闲后，关闭进站信号机（显示红灯）进行防护；办理接车进路，广播通知站内候车乘客注意退行列车；列车在出站信号机后方停车，凭引导手信号进站；综控员向行车调度员报告接车情况。

五、冒进出站信号机的操作

1. 列车整列冒进出站信号机

（1）冒进进行信号：未经行车调度员允许，严禁退回站内；依据行车调度员的口头指示，操纵列车继续运行；利用列车广播向乘客做好解释工作。

（2）冒进停止信号：未经行车调度员允许，严禁退回站内；司机停车；行车调度员确认前方区间占用情况。

2. 列车部分冒进出站信号机

（1）冒进进行信号：与行车调度员联系；依据行车调度员的口头指示，退回车站；利用列车广播向乘客做好解释工作。

（2）冒进停止信号：与行车调度员联系；依据行车调度员的口头指示，退回车站；利用列车广播向乘客做好解释工作；行车调度员确认前方闭塞区间空闲后，开放出站信号机。

3. 末班车冒进出站信号机的处理

末班车或乘客无返乘条件的列车冒进出站信号机时，无论是部分冒进还是整列冒进出站信号机，司机均应按照行车调度员的口头命令，操作列车退回站内规定的停车位置。

任务八　故障条件下的运行及操作

本任务主要阐述驾驶员在故障条件下的操作，从列车救援的操作、屏蔽门故障的站台作业、电话闭塞法下的操作、接触轨停电、清客作业、紧急逃生门的操作六方面进行介绍。

一、列车救援的操作

1. 请求救援的情况

图 4-8-1 和图 4-8-2 为请求救援的情况和请求救援的报告。

1	2	3	4
列车发生故障，进行处理后前方司机室仍不能牵引全列车维持运行时	制动系统发生故障致使全列车不能缓解时	列车发生火灾，处理后无法运行时	发生严重故障有危及行车安全的可能，司机认为须救援时

图 4-8-1　请求救援的情况

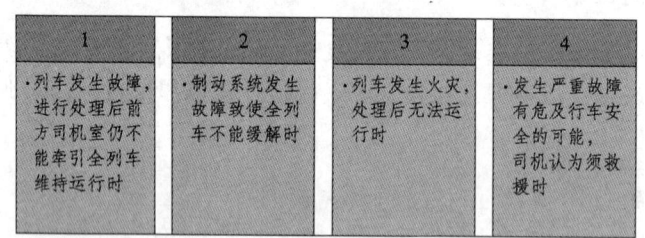

图 4-8-2　请求救援的报告

请求救援的原则：尽量在规定时间内处理故障或突发事件；不能处理或在规定时间不能处理的，请求救援。

2. 被救援车司机的准备工作

（1）尽量将列车停放在平直道上，靠近车站停车；

（2）故障列车若在坡道迫停，应做好制动防溜措施，如打好止轮器（见图 4-8-3），做好防护；

（3）使用列车广播设备向乘客进行广播；

（4）将列车制动好，按规定穿戴好防护用品（见图 4-8-4 和图 4-8-5），携带通信设备、司机室钥匙，必要时带好照明用具（见图 4-8-6），迅速到达救援列车开来方向的驾驶室，打开前照灯进行防护，做好引导接车准备；

（5）在弯道上迫停且瞭望距离不足 50 m 时，在距离救援列车开来方向 50 m 处向救援列车显示停车手信号。

图 4-8-3　止轮器　　图 4-8-4　绝缘靴　　图 4-8-5　绝缘手套　　图 4-8-6　手电筒

3. 列车救援过程

（1）救援车司机的工作包括了解故障列车迫停的位置，按规定限速前往救援地点（从车站派出的救援列车须先清客）；在距离被救援列车不小于 30 m 处一度停车；由被救援车司机引导，在距被救援车 5 m 处停车，确认两车钩状态无异常；再次起动列车，在距被救援车 0.5 m 时再度停车，看到被救援司机给出的连挂信号后，以 3 km/h 的速度、轻微冲击的方式连挂；确认连挂妥当、通信良好后，可以动车；起动列车，密切观察线路和列车状态，并与被救援列车司机保持联络。

（2）被救援车司机的工作包括做好救援准备工作；指示救援列车一度停车；与救援车司机确认可以再次起动列车，利用手势引导其在距故障车 5 m 处停车，确认连挂车钩的状态正常；利用手势引导救援列车再次起动，缓慢靠近故障车，使其在距故障车 0.5 m 处停车；查看并确认两车车钩钩位对准，显示连挂信号，密切关注连挂过程，确保两列车准确连挂，在车钩连挂上后给出手势；回到驾驶室，确认对讲设备通信良好；运行过程中密切关注列车状态，与救援列车司机保持联系。

（3）连挂后的运行及注意事项。列车连挂后，及时报告行车调度员；救援列车全列进站后，司机得到行车调度员赋予的救援车次后，方可继续运行；救援列车推进故障列车运行时，前方进路的确认由故障列车司机负责，运行中严守速度；已请求救援的列车不得擅自移动。故障排除不再需要救援时，应及时与行车调度员联系，得到准许后方可继续运行；需正线进行解钩作业的救援列车，在被救援列车全列在停车库线内停稳后，由救援列车及被救援列车司机共同负责将救援列车和被救援列车解钩分离，救援列车凭调度命令继续运行；当列车在区间故障请求救援时，自行车调度员制定担当救援的列车时起，被救援列车所在区间即进入封锁状态。救援完毕、救援列车全列出清封锁区间后，封锁区间即解除封锁。

二、屏蔽门故障的站台作业

1. 屏蔽门（Platform Screen Doors，PSD）

屏蔽门结构见图4-8-7。相关设备见图4-8-8~图4-8-14。

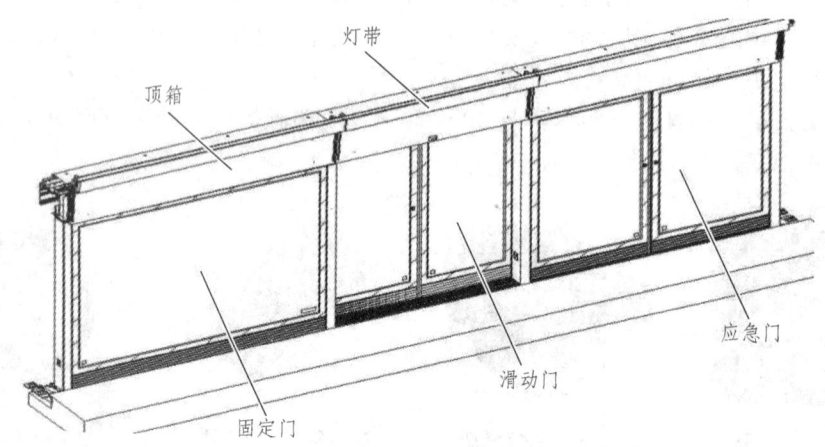

图 4-8-7 屏蔽门结构

图 4-8-8 滑动门

图 4-8-9 固定门

图 4-8-10 应急门

图 4-8-11 端门

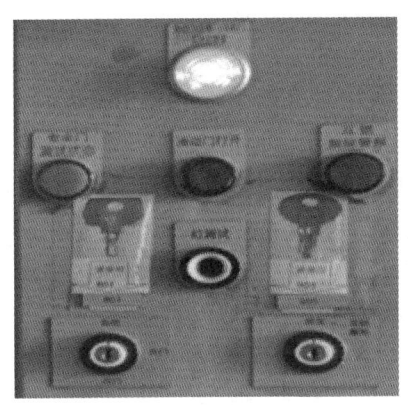

图 4-8-12 PSL 就地控制盘

图 4-8-13 LCB 就地控制盒

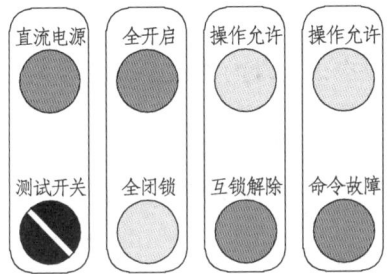

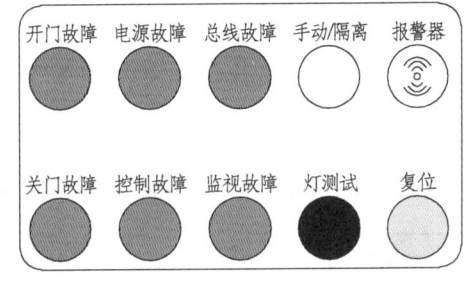

图 4-8-14 PSC 中央控制盘

2. 司机对屏蔽门的操作方式

正常情况下屏蔽门自动打开与关闭；司机进出站台使用端门；用 PSL 人工控制一侧屏蔽门。

3. 非正常情况下的屏蔽门操作

（1）屏蔽门正常关闭，列车车门不能正常关闭：当有车门故障时，通过 PSL 打开屏蔽门，按应急故障处理相关规定对车门进行处理；经处理车门关闭后，屏蔽门恢复关闭状态；车门仍关不上，司机立即申请清客退出运行。

（2）整列屏蔽门不能开启与关闭：使用 PSL 将屏蔽门打开，报告行车调度员；当列车发生连续两站采用 PSL 进行开关屏蔽门操作时，司机应将情况报告行车调度员，按其指示运行。

（3）列车运行中预先接到行车调度员前方站屏蔽门故障的通知：列车进站后司机利用 PSL 先进行屏蔽门的开启操作，再打开列车门；屏蔽门无法打开时，司机利用广播告知乘客，由乘客自行操作滑动门手柄开门。

（4）屏蔽门开门系统故障致使整列屏蔽门不能打开：使用 PSL 不能打开屏蔽门时，司机利用车内广播告知乘客，由乘客自行操作滑动门手柄开门，并将情况报告车站综控室值班员或行车调度员；司机利用 PSL 关门，关门后正常发车。

（5）屏蔽门关门系统故障致使整列屏蔽门不能关闭：司机利用 PSL 不能关闭屏蔽门时，车站人员操作 PSL "互锁解除"，使列车出站。

（6）单个屏蔽门故障（开门）处理：若有单个屏蔽门未打开时，司机利用列车广播告知乘客屏蔽门故障，可由乘客手动操作滑动门手柄开门；司机进行关门操作，故障屏蔽门正常关闭后，列车正常发车。

（7）单个屏蔽门故障（关门）处理：若有单个屏蔽门未关闭时，由车站人员协助现场关门；待车站人员对故障屏蔽门处理后，列车正常发车。

（8）屏蔽门"互锁解除"信息失效，影响列车发车：车站人员操作PSL"互锁解除"功能失效，列车不能发车，行车值班员立即报告行车调度员，行车调度员通知司机"准许红灯发车"；司机得到行车调度员发车的允许后转换至"限制人工驾驶"模式发车。

三、电话闭塞法下的操作

1. 电话闭塞法的特点

不使用基本闭塞设备；闭塞区间=站间区间；以电话记录的方式办理。

2. 电话闭塞法的闭塞区间

（1）正线的闭塞区间：两相邻站的出站信号机间（见图4-8-15）。

图4-8-15　正线电话闭塞

（2）出段（场）方向：出段（场）信号机至相邻站出站信号机间（见图4-8-16）。

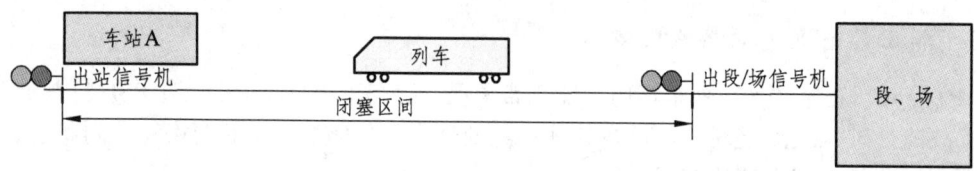

图4-8-16　出段（场）电话闭塞

（3）进段（场）方向［进段（场）信号机与出段（场）信号机为差置设置关系］：相邻站出站信号机至进段（场）信号机间（见图4-8-17）。

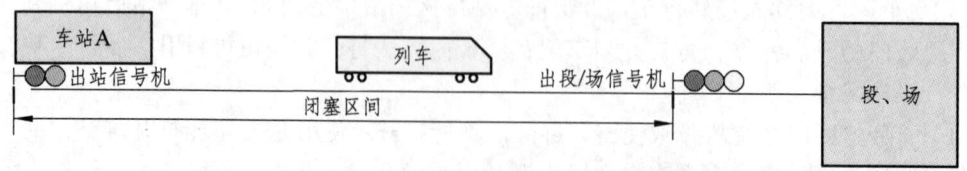

图4-8-17　进段（场）差置电话闭塞

（4）进段（场）方向［进段（场）信号机与出段（场）信号机为并置设置关系］：相邻站出站信号机至段（场）内第一架调车信号机间（见图4-8-18）。

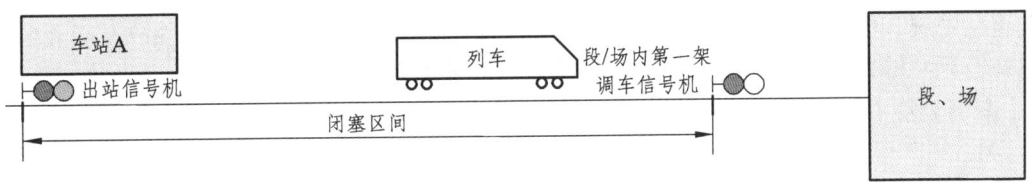

图 4-8-18　进段（场）并置电话闭塞

3. 电话闭塞法的使用时机

（1）基本闭塞设备发生故障：站间区间轨道电路发生故障；ATP 地面设备故障；双线区间列车反方向运行；遇有特殊情况，列车由区间返回发车站。

（2）基本闭塞设备不能使用。

（3）站间自动闭塞法、进路闭塞法不能使用。

（4）各运营线的联络线间开行过轨列车时。

4. 电话闭塞法下的列车运行

（1）行车组织的关键点：只有在信号系统发生故障或特殊作业需要时才能使用；行车调度员必须向车站行车值班员及司机下达启用电话闭塞法行车的命令；必须保证同一时间、同一站间区间只有一列车占用；列车运行间隔不得低于规定时间；接车站必须确认接车线路空闲、区间空闲，接车进路准备妥当，进路上的道岔防护信号已开放，方可发出承认闭塞的电话记录号码；发车站发车前必须确认已收到接车站发出的承认闭塞的电话记录号码，发车进路已准备妥当，发车时刻已到；实施电话闭塞法，车站专人实施报点程序，向发车站、接车站报点；指定车站需向行车调度员报点；行车调度员开始接收车站专人报点后，铺画实际运行图；在联锁设备正常的情况下，将控制权下放到车站，按照相关规定在车站综控室的控制台上办理进路；如果联锁设备失效，则采用人工手摇道岔组织行车（见图 4-8-19）；联锁设备失效采用人工手摇道岔作业时，需设专人进行防护，车站应根据行车计划或调度命令对影响正线行车的道岔进行人工机械加锁管制，在配合折返作业时，可不加装钩锁器，但操作人员需确认道岔已操作至机械锁闭位置，作业人员应进行现场监护；行车日志内应正确记录列车车次，到达、发出时刻，及承认闭塞的电话电报号码。

图 4-8-19　人工手摇道岔

（2）司机操作注意事项：复诵和记录调度命令；按规定限速操作列车运行；注意瞭望线

路和道岔情况；进站需使用 PSL 钥匙手动打开屏蔽门；出站时若出站信号机因故不能开放时，司机在收到"绿色许可证"并看到发车手信号后，才能起动列车出站。

【案例分析】

2011 年 9 月 27 日 14 时 51 分，某地铁 10 号线豫园至老西门下行区间两列车不慎发生追尾，5 号车从后方撞上了前车 16 号车。14 时 10 分，该地铁 10 号线新天地站设备故障，交通大学至南京东路上下行采用电话闭塞方式，列车限速运行。由于该地铁将"两站两区间"作为同意闭塞的条件，所以南京东路站到老西门站（中间隔了一个豫园站）的两站区间都必须是空闲的，没有其他车辆行驶或停留。但 16 号车正停在豫园站和老西门站之间，南京东路行车值班员和调度中心都没有发现，就发给了 5 号车司机"路票"。5 号车开车 30 s 之后，列车以 10 km/h 的速度前进，司机未意识到在闭塞区间的隧道中，竟然还停着一列车，这时即使立刻采取紧急制动，也为时已晚。

讨论：导致事故的可能原因有哪些？

本次事故发生在信号系统故障后采用电话闭塞方法运行约 40 min 后。经排查，在人工调度行车时，有关人员未能严格执行相关管理规定，导致事故发生。

按电话闭塞法行车造成行车事故的因素包括发车站未得到前方接车站闭塞承认就发车，造成无牌发车；车站相关人员联系不彻底，导致无牌发车；接车站未确认前次列车已开出本站，即向发车站发出闭塞承认，导致有车线接车；错办或未办发车进路（或接车进路），未锁闭道岔；未递交有关行车凭证或调度命令发车。

四、接触轨停电

1. 列车故障造成接触轨停电时的处理

（1）发现故障：网压为"0"（见图 4-8-20）。

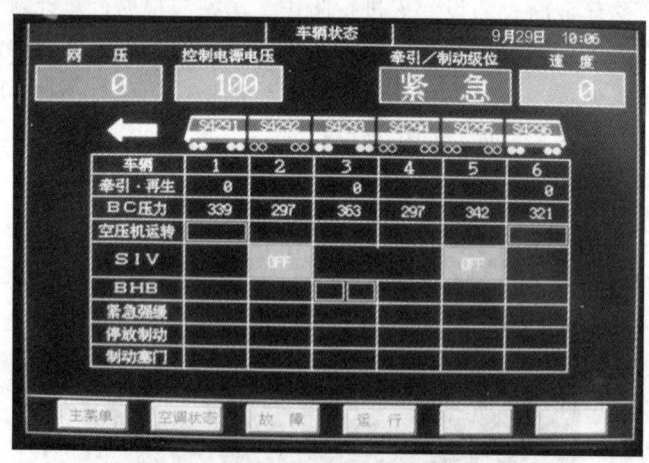

图 4-8-20 网压为"0"

（2）报告行车调度员：列车车次、车号；迫停时间、地点（以百米标为准）；其他必要说明的事项。

（3）将列车制动好，断开列车 BHB（母线高速断路器）开关及负载开关。

（4）司机应穿戴好绝缘鞋、绝缘手套，带好手持电台和手电筒，下到车下查找故障车或接地处所，迅速检查车辆受流器、母线等处有无接地引起烟火状况。

（5）判断出故障车或故障点后，向行车调度员请求停电并确认停电后，做好接地防护，将故障车受流器全部分离。

（6）申请送电：若列车能运行，则维持运行至下一站立即清客退出运行；若试送电失败，分离全部受流器，申请救援。

2．受流器接地的故障处理

（1）司机通过列车所发生的弧光、异味、异音、冒烟等异常现象判断列车是否存在接地点。

（2）判断出故障点后，向行车调度员申请在站清客及接触轨（见图4-8-21）停电。

（3）接到接触轨已停电命令后，断开全列高速断路器，携带好所需工具：手电筒、手台（调整到正线组）、三角钥匙、受流器分离钩（见图4-8-22）快速到达故障列车位置。

图4-8-21　接触轨

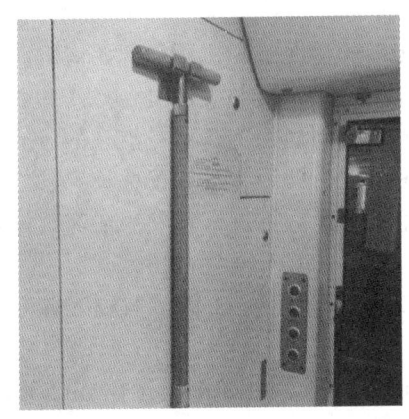

图4-8-22　受流器分离钩

（4）使用车门内紧急解锁装置（见图4-8-23）将故障车对应受流器的4个车门手动逐一开启，并将故障车受流器钩起（共4个）后及时恢复车门关闭状态。

（5）到达驾驶室后司机闭合高速断路器，观察送电瞬间情况，如送电成功，报告行车调度员听从指示，如送电不成功，隔离全部受流器，做好救援准备。

五、清客作业

1．清客的定义和分类

清客是在列车运营过程中，行车调度员向司机和车站人员发出指令，强行让某一列车的乘客在非目的地站下车，乘客在非个人意愿的情况下被迫离开列车，在站台重新等候下一趟

图4-8-23　紧急解锁装置

列车，或直接离开地铁站改乘其他交通工具到达目的地。

（1）计划性清客。

计划性清客的特点是乘客事先知情。在乘客上车前即得知本趟列车运行服务的终点站，需要清客后进行折返或退出服务。

（2）非计划性清客。

非计划性清客的特点是乘客事先不知情。在列车运行中，由于设备故障或发生突发事故、故障等，引起列车无法继续运营服务需要清客退出服务的，或者由此引起需要使用降级运营以保持有限度的客运服务而采取的必要列车调整措施。

2. 清客规则

制定规则的目的：降低清客作业中存在的风险概率。清客的规则如下。

（1）清客必须获得行车调度员的授权。

（2）清客地点：在条件允许的情况下，司机应尽可能将列车驶到下一站或指定的站台进行清客，避免在区间清客。

（3）牵引电流：若在区间清客且采用接触轨供电的线路，在清客前行车调度员必须通知电力调度员关断清客区间的牵引电流。

（4）参与清客的工作人员：在没有车站员工协助的情况下司机不得开始清客。

（5）装备：协助清客的员工应尽可能带上手提灯、扩音器和手持电台。

（6）隧道灯：任何地铁员工或乘客进入隧道前，必须确保隧道灯是点亮的。

（7）鼓风扇：在隧道内清客期间，为确保乘客安全，必须将鼓风扇关掉。

（8）区间清客的方向：乘客下车后，司机或车站人员应指挥乘客利用清客后停定的列车作为保护，朝正常的行车方向步行前往下一站。

（9）乘客指引：为防止乘客偏离清客路线或被障碍物绊倒，必须安排员工驻守在道岔、交叉口、隧道口和其他有潜在危险的地方。

（10）不得行车的区间：乘客下车后途经的轨道；乘客可经由隧道门或交叉口进入的轨道。

（11）伤残人士的安排：若非情况紧急，伤残人士（如轮椅使用者）应留在车厢内，待列车驶到安全位置再下车。

（12）使用站台楼梯：区间清客时，下车乘客抵达指定车站时，须由员工指示沿站台两端的台阶前往站台，以便加快乘客撤离轨道的速度。

（13）列车清客后的程序：列车完成清客后，相关车站必须安排两名车站员工巡查所有下车乘客可能经过的轨道区段。这两名员工必须按正常行车方向，由后方车站走至前方车站，确保区间内已无任何乘客或障碍物，然后向出发车站的值班站长汇报巡查结果。

3. 区间清客的程序

行车调度员需根据司机报告的现场情况，慎重考虑以下情况，以决定是否需要清客：事故的成因；车厢内的情况；列车何时能恢复行驶；乘客的安全。

在等待清客过程中，若车厢内空气质量下降，司机可以通过广播指导乘客打开紧急通风窗（见图4-8-24和图4-8-25）。

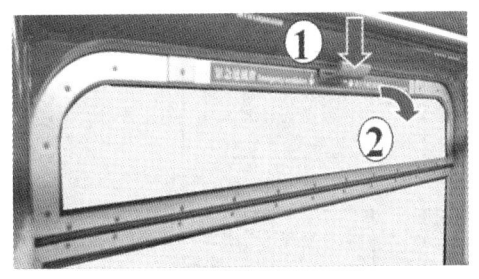

图 4-8-24 紧急通风窗打开　　　　图 4-8-25 紧急通风窗关闭

行车调度员在清客程序中的工作见图 4-8-26。

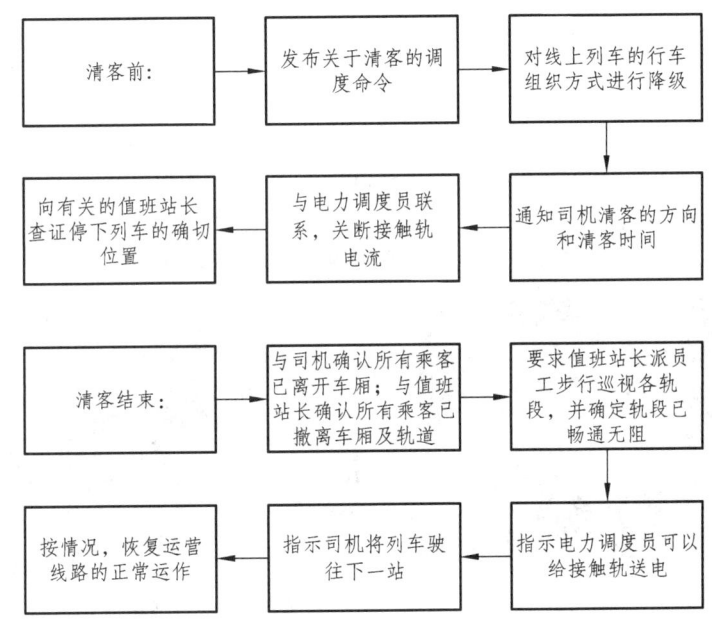

图 4-8-26　行车调度员职责

值班站长在清客程序中的工作见图 4-8-27。

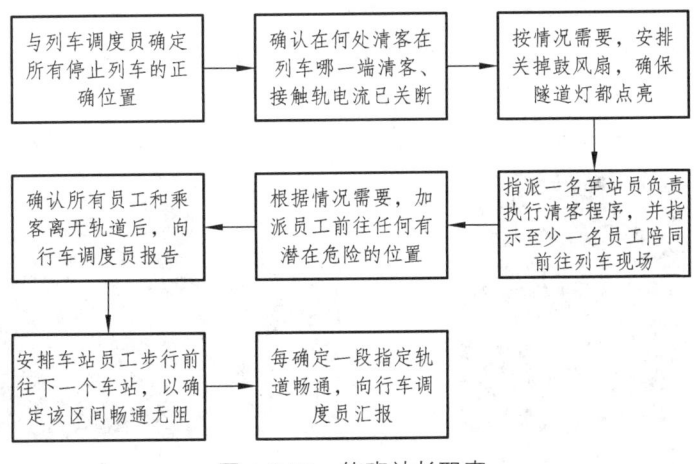

图 4-8-27　值班站长职责

司机在清客程序中的工作见图 4-8-28。

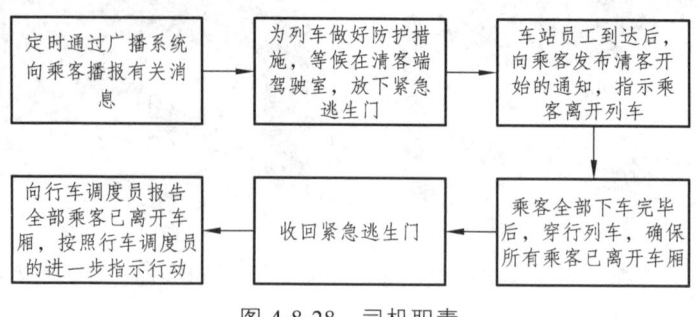

图 4-8-28 司机职责

六、紧急逃生门的操作

1. 紧急逃生门概述

《地铁车辆通用技术条件》(GB/T 7928—2003) 规定：在未设安全通道的线路上运行的列车两端应设紧急逃生门。

紧急逃生门有踏步式和坡道式两种，见图 4-8-29 和图 4-8-30。

图 4-8-29 踏步式逃生门

图 4-8-30 坡道式逃生门

2. 坡道式紧急逃生门的操作

1）坡道式紧急逃生门的开启

（1）扳动紧急逃生门红色锁把手（见图 4-8-31）至开位，向外推动转臂把手，逃生门将缓缓打开。

（2）向外推动整个疏散坡道踏板，疏散坡道将自动展开（见图 4-8-32）。

图 4-8-31 紧急逃生门锁把手

图 4-8-32 疏散坡道

2）坡道式紧急逃生门的回收

（1）扳起疏散坡道上的安全扣件（见图 4-8-33 和图 4-8-34）。

图 4-8-33　疏散坡道

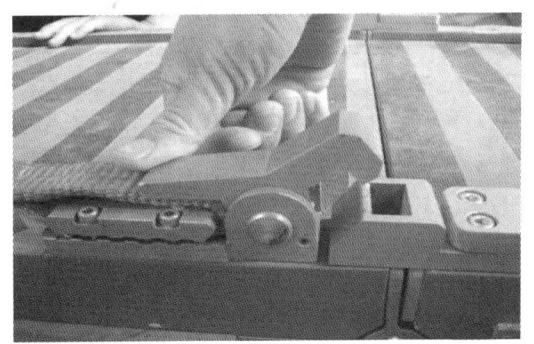
图 4-8-34　安全扣件

（2）将释放、回收开关打至"回收准备"位置（见图 4-8-35）。

（3）将棘轮扳手插入棘轮插孔，操作棘轮扳手（见图 4-8-36 和图 4-8-37）。

双手握紧棘轮扳手，用力向下压扳手，使棘轮反复旋转，疏散坡道（见图 4-8-38）逐渐折叠、收回。还有一种疏散坡道的回收：1~2 人在轨道上将疏散坡道翻转叠起，至少 1 人在车上配合将坡道和逃生门收回。

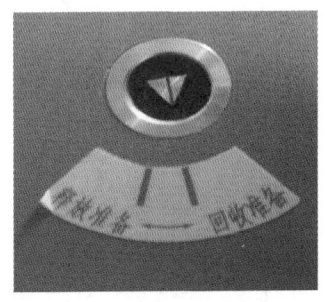
图 4-8-35　释放、回收开关

图 4-8-36　棘轮扳手

图 4-8-37　疏散坡道

图 4-8-38　收回疏散坡道

（4）紧急疏散坡道完全收回后，关闭逃生门（见图 4-8-39）。

（5）拉起紧急逃生门钢丝（见图 4-8-40），确保在列车运行过程中门扇不会打开。

图 4-8-39　关闭逃生门　　　　　图 4-8-40　拉起紧急逃生门钢丝

习　题

1. 简述驾驶室的功能按钮及各种开关的操作方法。
2. 简述出退勤、交接班作业的流程。
3. 实践训练：巡视检查→起动列车→静态调试。
4. 简述出库作业→出段作业/入段作业→入库作业的流程。
5. 简述正线驾驶的标准化作业和具体操作。
6. 实践训练：对标停车与开关门作业。
7. 实践训练：广播作业。
8. 实践训练：列车操纵台转换作业和单司机终点站自动折返作业。
9. 实践训练：ATP 监督下的人工折返作业。
10. 简述特殊天气下的驾驶操作、反方向运行、推进运行、列车退行、冒进出站信号机等情况下的处理与操作。
11. 实践训练：屏蔽门故障的站台作业。
12. 实践训练：电话闭塞法下的运行操作。
13. 实践训练：清客作业。
14. 实践训练：紧急逃生门的操作。
15. 实践训练：列车救援。

项目五　城市轨道交通智能系统运营管理认知

一、项目描述

城市的活力与其公共交通服务质量密切相关，发达的轨道交通网络成为现代化城市不可缺少的基础设施。随着各城市轨道交通的网络化、规模化运营，轨道交通的运营安全和服务质量受到市民和城市管理者的密切关注，其运营管理成为一个重要的研究课题，运营岗位的职责显得尤为重要。本项目重点介绍城市轨道交通运营各个岗位的具体职责等知识。

二、教学目标

（一）知识目标

城市轨道交通运营管理架构和特点；城市轨道交通车站管理内容和运作流程；城市轨道交通车站各岗位的工作职责分工；自动售检票系统的运作流程；车站常见危险源的控制措施；车站员工管理的通用要求；车站排班原则及班制规定；车站的应急救援流程。

（二）技能目标

熟练处理车站巡视过程中碰到的问题和巡视要求；处理非正常情况下的行车组织；车站三级客流控制方法；处理车站施工请销点和相关手续办理；车站轨行区安全的管理措施；处理车站备品的管理与登记。

（三）素质目标

按照车站控制室的运作要求进行日常事务处理；处理车站施工请销点和相关手续办理；处理各种情况下的突发事件；熟悉城市轨道交通突发事件的内容。

（四）案例导入

2011年9月27日某地铁10号线列车发生追尾事故，交通运输部于次日发出紧急通知，要求交通运输主管部门各级领导到一线排查城市轨道交通安全隐患，各地要定期组织第三方专业机构对运营后的轨道交通运营安全进行评价，对提出的不符合运营条件的问题须及时整改，如影响到安全，须立即停止运营，整改合格后方可再运营。

1. 轨道交通安全检查

通知强调各地交通运输主管部门应充分吸取上海地铁列车追尾事故教训，加强安全监管，并要求交通运输主管部门各级领导深入一线，排查安全隐患，督促落实安全管理制度，切实保障城市轨道交通运营安全。各地要重点就安全生产责任制落实、试运营基本条件执行、运营安全保障、设备质量保证、企业安全教育培训等情况进行认真检查。具体对已开通线路试运营评审，评审意见及安全隐患整改情况，拟开新线路试运营筹备情况；相关设备检修和运营线路管理、安全保障措施等情况；车辆、轨道、桥隧、供电、信号、通信等系统设备是否满足运行安全要求，是否具备故障导向安全功能等逐项进行严格仔细地检查、排查。

2. 新开通地铁开展评审

对新开通城市轨道交通线路，各地交通运输主管部门要组织第三方专业机构开展城市轨道交通试运营基本条件评审，对投入的车辆、供电、信号、防灾等系统设备进行监测，对线路工程、牵引供电、通信信号、运营调度、消防防灾等系统进行功能测试、试验，评审合格并可保证设备系统安全、可靠方可进行载客运营。此外，要定期组织第三方专业机构对运营后的轨道交通运营安全进行评价，对安全评价中提出的不符合运营条件的问题，必须及时整改，如果影响到安全，须立即停止运营，整改合格后方可再运营。另外，在从业人员资格上，城市轨道交通关键岗位没有取得从业资格的不得上岗工作。

任务一　城市轨道交通新线车站接管认知

一、车站运营管理

1. 城市轨道交通运营管理模式和特点

按资产属性及运营企业性质划分，城市轨道交通的运营管理模式主要分为6种：有竞争条件下的公办公营模式、无竞争条件下的公办公营模式、公办半民营模式、公办民营模式、多种经济成分构成的模式和私办私营模式。

城市轨道交通运营管理是多专业多工种的复合型技术管理，轨道交通运营管理集中了车辆、轨道、信号、供电、通信、自动售检票、环控、低压照明、消防、屏蔽门、自动扶梯、给排水等10多个系统30多个专业，这些系统既自成一体，采用不同的实现方式和原理，又同时服从"组织行车、服务乘客"的目标，成为一个大联动机，任一系统的故障都会影响到整个系统的运营安全和服务质量。

城市轨道交通运营管理是多目标多层次的综合性组织管理，从运营目标分析，城市轨道交通运营管理有运营成本控制目标、日均客流量目标、安全管理目标、客运服务质量目标、劳动生产率目标以及科研技改目标等，其中摆在首位的始终是安全和服务质量。从运输管理层次分析，城市轨道交通运营管理采用中央集中调度为主的三级控制原则：中央控制、车站控制和现场控制。每一级控制都由完备的技术设备、人员、组织、规则和操作手册等作为基础。从运营组织结构分析，城市轨道交通运营管理有行车组织、客运组织、票务组织、乘务组织、车辆组织、维修组织、安全保卫组织、技术组织、备品备件组织以及后勤服务（人、财、物）组织等。

2. 城市轨道交通运营管理架构和员工配备

城市轨道交通运营管理架构与其运营管理模式密切相关。有些轨道交通经营企业同时承担轨道交通建设和运营任务，有些企业则只承担运营任务，因此运营管理架构有公司制或事业部制的区分，具体的组织架构形式可根据运营管理的实际情况及需求设立。

运营单位以事业部制管理模式运作，接受上级单位宏观调控、自主经营、独立核算。运营单位以公司制运作，独立承担自主经营、自负盈亏的责任，与事业部制相比，对市场的反应和决策速度相对较快。根据轨道交通运营单位承担的业务，其基本架构构成包括财务、人力资源、企业管理、综合事务、物资、安全技术、车务（包括调度指挥、客运组织、乘务组织、票务组织等）、车辆维修、综合维修（包括除车辆外的其他所有设备）等部门（见图5-1-1）。

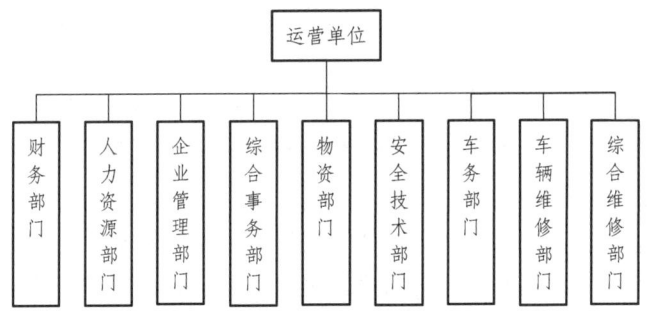

图 5-1-1 城市轨道交通运营管理架构

对于轨道交通运营企业，投入与产出也是需要重点关注的关键事项。在投入项中，员工配备最能体现轨道交通运营系统的劳动生产率。受国情、体制、经济等因素的影响，各城市轨道交通员工配备数量不具有必然的可比性。为便于经济和技术上的横向比较，原则上以每千米员工配备数量作为一个常用指标，即用运营员工总数除以线路长度得出。显然，每千米员工数量主要受平均站间距模式和运输量的影响。

根据各城市轨道交通的具体情况，平均每千米线路员工人数有较大的差异。随着城市经济的发展，技术分工专业化程度的提高，新建的城市轨道交通固定人员配置相对较少，其中有较多的工作都由专业公司承包，员工数量的减少也减轻了轨道交通经营企业的人工负担。

3. 轨道交通车站管理模式和特点

人员、列车、线路、车站是城市轨道交通网络的基本构成要素，而车站是轨道交通主要的服务窗口。车站管理部门主要负责车站的行车组织、乘客服务以及车站人员、设备、设施的管理及具体运作，按业务类别可分为客运、票务、行车、综合业务等。

（1）客运组织管理。

车站是一个提供运输服务的公共场所，需要有服务场地、服务设施、服务人员等。市民乘坐轨道交通出行，经过进站→购票→进闸→候车→乘车→下车→出闸→出站8个步骤。车站客运组织就是在服务场地按乘客进站动线和出站动线（见图 5-1-2）安排服务设施、服务人员，提供进站和出站服务。原则上，进站和出站两条动线尽量不交叉或少交叉，车站提供的服务设施数量要满足乘客快速流动的需求，服务人员要及时帮助有需求的乘客或者解决使乘客停留集聚的问题，疏导乘客快速进、出站，维持站内秩序。

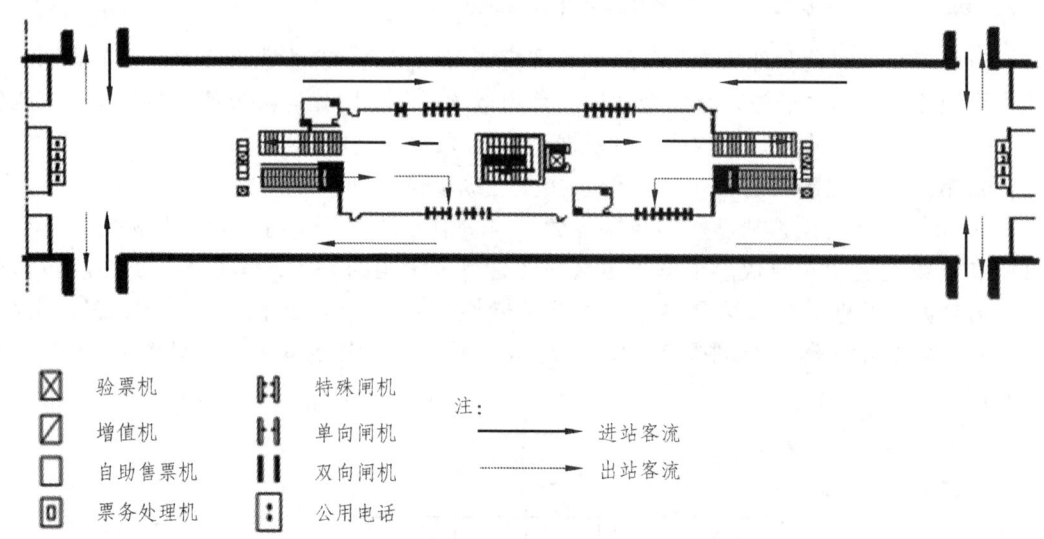

图 5-1-2　车站客流进站、出站动线

（2）票务组织管理。

票务收入是轨道交通运营单位的主要收入来源，安全、可靠和完备的自动售检票系统是轨道交通票务收入和结算的基础。乘客乘坐轨道交通需支付一定的车资，因此售票和检票是车站提供的基本服务之一，这些服务需借助设备和人员来完成，其中涉及现金管理、车票管理以及设备的维护、维修管理等。原则上，车站票务组织以乘客自助服务为主，车站提供自动售票机、自动增值机、自动查询机、进出站闸机等设备，实现售票、检票的全自动化。在乘客进站、出站动线上设置完善的服务标志，帮助乘客快速地找到相关设施。车站的客服中心主要提供咨询、补票等业务。车站需要持续和不间断地提供车票、找零硬币、回收车票、回收票款，组织做好车票流和现金流的安全、顺畅运作。单程车票管理流程、储值票管理流程、现金管理流程见图 5-1-3～图 5-1-5。

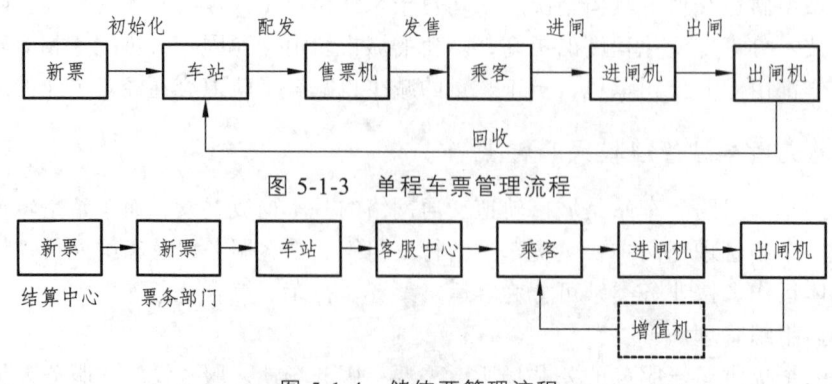

图 5-1-3　单程车票管理流程

图 5-1-4　储值票管理流程

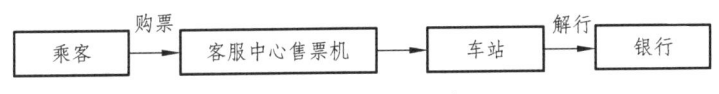

图 5-1-5 现金管理流程

（3）行车组织管理。

乘客坐上列车，列车必须运行才能完成乘客的位移，因此，车站还必须为列车运行和停靠提供线路，以及组织列车运行的其他设备条件和人力资源。列车在线路上的运行由行车控制中心负责指挥，车站主要做好乘客上车、下车的安全有序和列车进、出站的安全。特殊情况下，根据控制中心行车调度员的指挥做好人工排列列车进路，以及列车进、出站的人工接车及发车作业。

（4）综合业务管理。

车站作为大量人员集散的场所，除了满足乘客出行的需求，还需提供部分便民服务以及适当的商业资源开发，如公用电话、洗手间、便利店、取款机、售卖机、广告、商铺等；作为分割界限清晰、空间相对封闭的场所，车站还需要保安、保洁、维保人员进行物业管理等。车站综合业务管理涉及工商、城管、公安、消防、卫生防疫等部门，一些可以通过委托执法程序由车站人员代为执行，有些则需要车站人员配合相关部门工作。车站综合业务的管理需要车站站长具备较强的综合协调能力。

轨道交通车站管理模式取决于运营设备自动化程度和客流量的大小，也与整个运营单位管理模式密切相关。按其隶属层次和管理权限不同，车站的管理模式略有不同。

以车站为基本单位的管理模式是基于"点、线"结合的单线管理模式，是一种集权式管理结构，其主要特点就是按线别统一成立一个车站管理部门，以车站为基本单位进行管理，统一模式、统一标准，车站管理部门统一提供技术和业务支持。

该模式的优点是技术业务支持人员集中设置，车站只负责运输计划的执行，综合业务均由技术支持人员完成，一方面确保了政策、制度的执行，另一方面节约了人力资源。但其缺点也明显，需针对性加强措施。

中心站管理模式是根据车站客流量和技术设备设置的不同（如联锁站或非联锁站），在一条线路上选取几个车站作为中心站，邻近车站作为卫星站，以一带几（如 3 ~ 5 个车站）的形式进行管理，由中心站统一提供技术和业务支持。中心站管理模式是对所有的车站实行分线、分区域式的管理。在分线或分区域式管理的前提下，以区段（以中心站带卫星站）取代车间和单个车站作为车站管理基本单元。通过优化管理幅度，完善区段自身管理功能和职能，使区段成为车站的管理中心、成本中心，同时强化车站现场管理作用，实现地主式管理。中心站的设置，加强了现场业务的指导力度，车站具有了更多的自主权限，在处置突发事件时，提高了效率。中心站的管理模式更适合"点、线、面"三结合的网络化运营管理。

以上两种管理模式都是基于传统的车务、车辆、综合维修三大运营业务模块的分割化管理方式。随着设备系统自动化程度的提高，设备运作的可靠性增强，车站管理模式具有了进一步优化的可能。有些城市轨道交通的运营单位也在尝试将简单维修业务并入车站管理内容，服务人员兼简单维护和更换修任务，而维修人员也肩负起乘客服务工作，在应急情况下，统一服从站长指挥，增强了现场处置能力和处置效率，如我国香港地铁的将军澳线。

图 5-1-6 为以中心和车站为基本单位的管理模式。

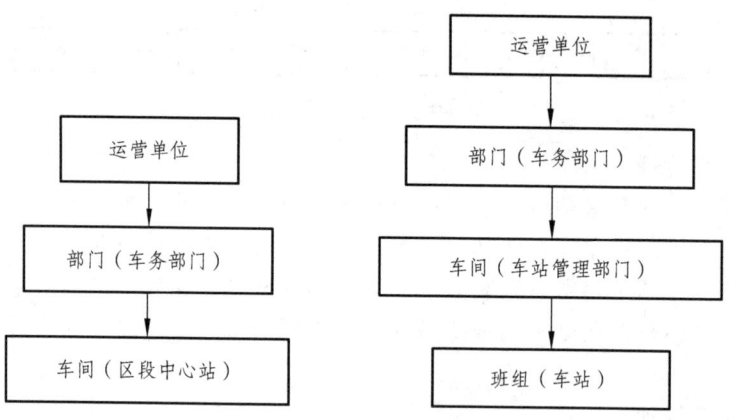

图 5-1-6 以中心和车站为基本单位的管理模式

4. 轨道交通车站组织架构及岗位设置

轨道交通车站组织架构服务于其管理模式,各城市的轨道交通车站岗位数量、名称和职责各具特色。但根据其业务管理的特点,还是有一定规律可循的。为了便于讲述,本任务主要以运营三大业务车务、车辆、综合维修的分割化管理方式为前提来展开。

(1) 组织架构。

车站的工作任务主要包括行车组织、客运组织、票务组织和综合管理。纵观国内城市轨道交通车站的岗位设置经验,车站岗位基本可以分为以下几种:站长、值班站长、值班员、站务员、保安、保洁等。车站组织架构见图 5-1-7。

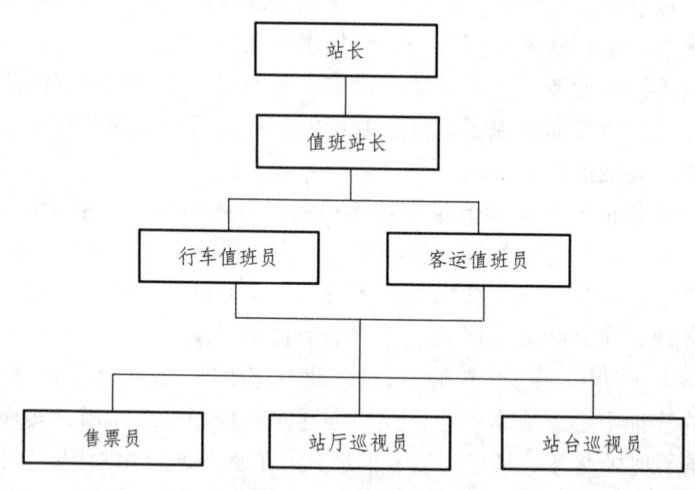

图 5-1-7 车站组织架构

车站实行站长负责制,实行由上至下的管理制度和由下至上的汇报制度。根据其工作性质,车站工作 24 小时运转。站长为日勤岗,值班站长为倒班岗,负责相应班次的管理责任,指导和组织值班员、站务员、保安、保洁开展工作。

根据不同业务的工作量和岗位职守点,值班员还可以分为两种:行车值班员和客运值班员。行车值班员和客运值班员均为倒班岗。站务员按其工作场所和执行职责不同,可以分为售票员、站台巡视员和站厅巡视员。

（2）岗位设置。

站长负责车站全面工作，包括安全管理、行车、客运和票务管理、乘客服务、班组管理、员工培训以及对外协调等。

安全管理包括对车站行车、客运、票务、消防、治安及人身安全负责；贯彻实施各项安全管理制度和措施，制订、落实各项安全工作计划；按照安全制度，检查车站安全情况，及时消除安全隐患；组织车站员工参与处理各类事件、事故；每月组织召开班组月度安全工作会议，进行月度安全工作总结和员工安全教育，做好记录。

行车、客运和票务管理包括组织执行车站行车组织方案，开展车站客运和票务工作；编制日常及节假日客运组织方案；定期做好车站行车、客运和票务的计划、检查、总结工作。

乘客服务包括监督车站乘客服务工作，为乘客提供优质服务；受理并处理乘客投诉、来信、来访；汇总服务案例，总结服务技巧，提高员工服务质量。

班组管理包括每月根据上级要求，结合车站实际制订计划，做好员工排班及考勤工作；对全站员工、保安、保洁进行管理考核，每月汇总、公布员工考核情况；每月定期召开班组成员会议，及时解决车站出现的问题；负责本站建章立制工作；负责本站与驻站部门、接口单位的联劳协作，协调车站相关工作。

员工培训包括根据上级的要求制订车站培训及演练计划；负责新员工和调岗、复工员工的车站级安全教育；定期进行员工教育，掌握员工思想、工作状况，按车站实际情况安排并开展培训工作；定期检查培训效果，进行培训总结。

值班站长在站长的指挥下开展工作，负责本班组的业务及人员管理。

行车值班员的主要职责是在本班组值班站长的指挥下开展工作，负责本班组车站综合控制室，负责车站行车工作，监视列车到、发情况及乘客上下车、候车动态，监控设备运作状况。

客运值班员主要职责是在本班组值班站长的指挥下开展工作，负责本班组票务工作。在票务室内负责钱款、车票等的运作和报表填写等。

站务员分成售票员、站厅巡视员和站台巡视员三类。售票员主要负责客服中心的售票、充值、补票、咨询等工作；站厅巡视员负责站厅乘客服务、设备的巡视、紧急情况下事件的处理等；站台巡视员负责站台乘客服务、设备的巡视、紧急情况下事件的处理等。

5. 城市轨道交通车站运作流程

车站的运作是运营大联动机的有效体现，车站运作与调度指挥、技术管理、票务、财务、设备维修、物资配送、人力资源等部门密切相关。

轨道交通运营单位计划分为生产计划和管理计划两类。生产计划包括运输计划、维修计划、物资计划等；管理计划包括技术管理、安全管理、质量管理、人力资源管理、综合管理等（见图5-1-8）。

人力资源的安排：车站是生产单位，原则上按岗设人，不能因缺岗少人而影响安全生产。车站开通运营前确保所有岗位人员按定员定编全部到位，开始运作。

车站定编主要与以下因素有关：各岗位班制及备员率；车站结构和性质；车站规模及客流量；车站客运设备设施情况；车站运作管理要求；服务标准等。

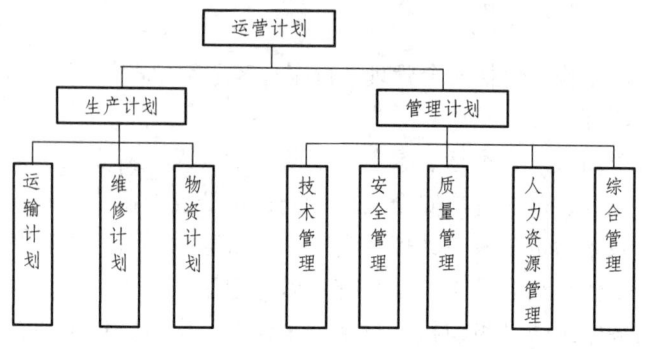

图 5-1-8　运营计划

车站生产岗位人员需要掌握的技能要求高，劳动强度大，每天面对的情况也比较复杂，需具备一定的应急处置能力，这在一定程度上加大了车站岗位人员的流动性，因此，车站定员要考虑一定数量的备员，并根据人员流动情况定期补充。

备员率需要考虑两方面的因素：一是正常情况下，节假日、员工公休假等情况的应对；二是员工流失率的应对。原则上，备员率不少于 5%。

由于车站各层级岗位的特殊关联性，晋升上一级岗位必须要在下一级岗位工作满规定的期限，如 6 个月到 1 年。因此，站务员以面向社会或院校招聘的人员为主，经岗位培训合格取得站务员岗位资格证后上岗。所有岗位均配备一定比例的备员，备员需考取相应的资格证，并进行一段时间的跟班实习，直至考核合格能够独立上岗。车站根据岗位空缺情况及时从相应备员中选拔合格的人员进岗，确保车站工作安全有序。车站岗位人员晋升途径见图 5-1-9。

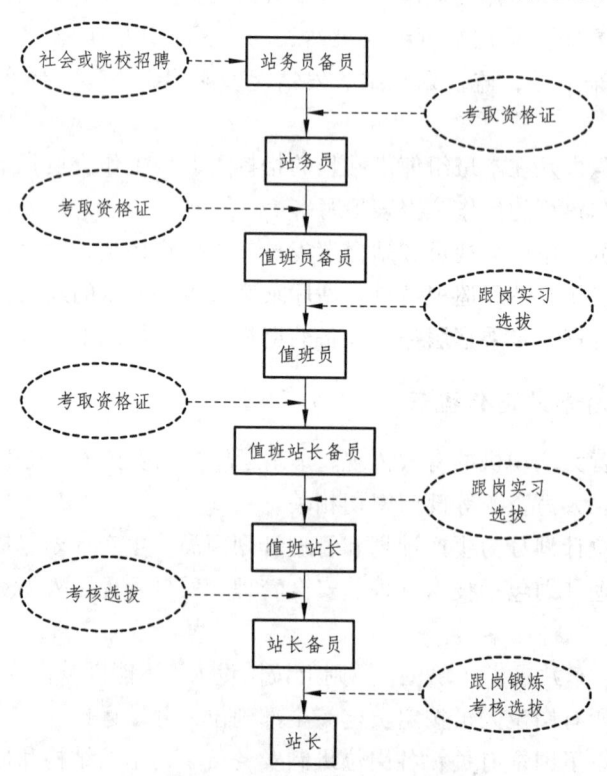

图 5-1-9　车站岗位人员晋升途径

车站的物资、备品计划由车站根据定额和配备标准提报计划，提报物资部门后，由物资部门予以采购。由于车站物资、备品种类杂、数量多，车站设备区空间有限，没有专门的区域作为仓库，配送和储存都较困难。为了满足车站日常和应急情况下的运作，物资备品必须分类制定出详细的采购和配送方案。如一些特殊备品，车站用量不多、损耗不大的，可以按年度采购以后，配送到车站，由车站保管和使用；一些易耗易损件，通过年初与供应商签订合同，由车站按需提出需求，供应商直接配送到站的方式操作，以节省人力和物力。

二、城市轨道交通新线车站接管

1. 进驻车站

进驻车站是指在施工中的车站现场具备基本办公条件后，组织筹备人员定点、定员连续地在施工现场进行工程跟进。

进驻具备条件包括车站环境、物资及备品和进驻人员。

车站环境包括至少具有一个完好独立的出入口；车站具备通风、通电、通水条件；管理用房的三级负荷已通电，照明正常；车站的部分管理用房（站长室、会议室、男女更衣室等）已装修且已安装好门锁，可交付运营使用；车控室、会议室、站长室电话可使用；员工洗手间、盥洗室可使用。

物资及备品包括车站办公、生活、安全防护用品满足日常基本需求；基础台账、报表满足车站基本需求。

进驻人员主要有站长1人、值班站长4人、值班员4人、保安6人、保洁6人，实行站长负责制。

2. 进驻后日常基础工作

进驻后日常基础工作包括排班、考勤和各岗位基础工作。

由站长负责排班管理，实行全天24小时值班，原则上白班保安、保洁人员均不少于3~4人。夜晚车站安全由施工方派人负责，车站晚班值班人数不少于2人，如遇热滑、调试列车、设备联调时，车站晚班值班人数不少于3人。

进驻期间，由车站站长负责车站人员的考勤管理，按照正式运营的管理模式进行管理，严格考勤和劳动纪律；车站成员在《值班人员登记本》上签到、签退，由站长指定人员负责做好考勤记录。非特殊情况，当值员工应按时到达车站，不得迟到、早退。员工如有事请假，需经站长批准。

各岗位基础工作包括站长负责与业主代表、工程监理、施工方的协调，加强与周边单位、物业的联系，掌握周边物业的基本情况，与周边物业及相关的周边单位共同商讨紧急情况的处理程序。值班站长参加每周的车站工程例会，负责存在问题的跟进，与施工方协调；编制基础文本规章；完成车站基础管理工作，建立车站基础档案。值班员负责巡查，跟进车站装修，设备安装、调试及验收，积极发现工程中存在的问题；协助编制基础文本规章，根据实际情况提报物资需求，登记和整理到位物资；负责接听车控室电话，记录上级指示、命令；负责钥匙保管、台账填写。站长每日对车站进行安全检查，随时公布新的安全隐患情况。站长负责车站的周、月工作计划和工作总结。车站组织员工参加各种培训,开展业务学习。车站管理用房的钥匙或门禁卡统一在车控室保管,使用时由当日车控室值班负责人在《门禁卡、钥匙借用登记本》上登记。

3. 跟进车站装修、常规设备安装

车站员工进驻新线车站后,需跟进车站装修、常规设备安装,环控系统设备安装、设施装修情况,车站导向标识系统安装情况,低压动力及照明系统、给排水系统、消防系统等的安装情况。

4. 跟进各系统设备安装、调试

参与验收工作包括车站各系统工程内部验收及相关政府部门验收;自动扶梯及垂直电梯安装、调试、验收;车站牵引变电所、降压变电所、接触网等的内部验收;电力监控系统安装调试,实现站级、中央级功能;通信系统各子系统调试、联调;传输网、程控电话、调度电话、无线对讲的开通;防灾系统安装调试,站级集中监控层级、中央级功能调试,消防验收;信号系统站级功能调试;环控系统安装,站级、中央级功能调试;AFC 系统安装,站级、中央级功能调试,终端设备投入使用;屏蔽门系统安装,站级、中央级功能调试;给排水及消防系统安装、调试,政府消防主管部门验收;车站设备综合调试等。

三、车站三权移交

车站三权是指车站的设备设施使用权、车站属地管理权、行车调度指挥权,简称"三权"。三权移交就是在新线竣工验收前,工程建设单位将车站三权移交给运营单位的过程。对运营单位来说,三权接管就意味着前期筹备已结束,开通试运营前的准备和冲刺已开始。

1. 新线三权移交的基本条件和准备工作

包括所有工程和设备完成单位验收,重点是消防系统、装修工程与机电各专业设备、车站导向系统和配套服务设施;车站机电系统设备完成单系统调试并具备设计功能;区间给排水系统具备正常功能,与地面市政排水系统连接顺畅;已建成的出入口安装好闸门,正在建的出入口应暂时封堵,各设备用房、管理用房完成装修,房门锁完好,钥匙齐全;车站屏蔽门安装好且处于关闭状态,端门门锁可使用;车站生活用水可使用,洗手间、盥洗间可使用;环控系统完成安装调试,实现站级、中央级功能;车站具备通风条件且管理用房可全天保持通风;车站具备办公照明及用电条件且管理用房全天保持电通;车站具备通信条件,包括办公电话、800 兆电台、手机和办公自动化系统可使用;保洁、保安提前进驻,并于接管前完成车站清洁开荒。车站接管所需物资全部到位,如办公工器具、办公用品及劳保物资;AFC 系统完成安装调试,实现站级、中央级功能,终端设备投入使用;公共区装修完工;通信系统各子系统完成系统调试、联调;开通传输网、程控电话、调度电话、无线对讲。

对上述接管条件,各站站长在接管前向相关部门和建设单位确认具备情况,填写《车站接管条件核查表》,并向责任单位反馈,协调落实存在问题整改,确保在接管时具备应有条件。

准备工作包括检查确认车站设备安装、装修工程是否完工,工程垃圾是否清理完毕;检查确认车站卫生条件是否具备接管条件；检查确认车站是否具备办公条件，办公用品是否配备到位；按照接管现状，及时发现存在的问题并提出整改措施，做好相关记录，核对相关工程进展情况；对进入施工现场的各承包商做好综合协调管理，包括工程进度、水、电协调管理以及成品保护等；做好车站各管理用房、设备用房的房间钥匙及设备钥匙的分类、编号整理工作；车站各岗位人员到位，车站保安到位，能满足车站倒班及培训、演练需要。做好车站接管人员培训，熟悉车站主体结构、设备设施、周边环境等情况；物资需求（包括行车、客运、票务备品等）到位。

2. 接管措施和管理要求

车站站长为属地接管工作的管理负责人，负责提前将接管通知发至相关单位、部门，并在接管车站显著地点张贴。属地管理权的交接安排，车站的接管要重视属地管理权的交接时间，注重对接管地和接管设备设施安全、消防、保卫的接管，同步落实安全消防措施、责任人和进驻时间；做好应急接管措施。由于轨道交通的快速发展，项目建设工期紧张，工程进度往往是动态变化的，如果按照正常移交条件来对新线整体实施"三权"接管，往往会遇到工期方面的压力和阻力。运营单位对试运营开通准备工作切实充分，调度人员、车站人员、司乘人员、维修人员在先期接管的范围内，能尽早熟悉设备、环境，开展实际运作，及时发现和解决问题。

出入口管理包括对进出凭证管理规定、临时施工作业证管理规定、出入口进出要求。轨行区管理包括进出凭证管理规定、轨行区进出要求施工管理规定。轨行区进出要求施工管理中包括了施工请/销点管理、施工作业要求、车站用房钥匙管理。

四、车站开通运营准备

综合联调和演练是运营管理部门对新建轨道交通线路各设备系统进行全面检验的过程，是运营管理部门对各设备设施系统验收过程的重要组成部分。

综合联调与单系统调试的区别在于它主要关注系统间的接口及综合功能的实现。在各设备系统完成内部调试的基础上，从满足运营开通使用的角度，完整、细致地测试各系统在正常和故障情况下的接口功能及系统性能，全面、系统地检验各系统的实际功能是否达到设计要求和开通试运营的策划标准，以及系统间是否可按要求协同运作。针对存在的问题，及时对各系统的技术参数进行调整与修改，及时协调解决暴露出的问题，使其满足运营的实际需要，加强运营人员对设备系统的了解和熟悉程度。

综合联调的内容由设备系统的配置及功能设置情况决定，需覆盖轨道交通内存在接口关系的所有设备系统。城市轨道交通综合联调依其目的、性质主要分为接口功能测试类和系统能力测试类。

运营演练是通过模拟运营过程的运作以及各种可能出现的应急情况处置，检验开通试运营组织方案及应急预案的可行性、合理性及科学性，强化各运营及维修岗位人员对新线各设备设施系统正常及应急情况下的运用能力。

综合联调及演练方案的编制要点：总体方案是从建设、运营、施工联合体的角度，对整个综合联调和演练工作进行宏观、总体、全方位的策划。方案要点一般包括工程概况、综合联调和演练目的、综合联调和演练前提条件、综合联调和演练的组织架构及人员职责、综合联调和演练内容、综合联调和演练总体实施计划、总结及评估等。

综合联调和演练实施要点是在综合联调和演练计划具体执行中，为了保证执行的切实高效，应注意在执行前、中、后期的严格管理和控制，确保项目管理者自身重视执行、项目成员正确理解执行。

五、车站开通运营组织方案

开通试运营组织方案主要以乘客需求和运营管理需求为中心，依据工程设计、建设文件以及筹备前期针对开通试运营所开展的一些专题研究成果，在总体原则的指导下，从行车组织、客运组织、票务组织、维修组织、车辆组织、安全管理等方面对开通日和开通后的试运营进行全面、系统、科学地筹划安排，指导、规范运营人员的组织、管理及操作行为，确保运营服务质量。

（1）开通试运营组织方案主要包括概述，编制依据，开通试运营条件，组织原则，行车、客运、票务、施工及维修组织方案和运营安全管理方案等。编写开通试运营组织方案时，首先需明确所开通线路的基础设备、设施的基本情况和开通时各系统设备所达到的基本功能，并结合运营服务水平的需要，进一步提出开通时系统设备争取达到的条件。

开通试运营的车站必须达到以下基本条件：轨道交通企业验交委员会组织完成各车站系统开通策划条件的阶段验收；线路、各车站已通过政府有关部门的卫生、防疫以及消防验收；车站各岗位人员全部到位，并取得相应上岗证，相关规章文本完成编制、下发学习；线路、变电站、接触网（轨）、信号、通信、低压配电、给排水、消防、防灾、设备监控、气体灭火、环控、自动扶梯、垂直电梯、屏蔽门等行车技术设备功能正常，能投入使用；车站开通至少2个及以上出入口，站外、站内导向标志安装完成；乘客服务设施（垃圾桶等）安装完成，并投入使用。

（2）开通试运营前车站日常管理包括跟进遗留和收尾工程，配合综合联调工作，建立完善的车站运营管理预案，完成车站人员业务培训，做好施工管理、车站信息传递工作。

（3）车站开通工作主要通过以下几种开展：客运组织、票务组织、行车组织、安全管理及应急处理。

（4）开通初期保障工作车站员工做好从新线筹备到运营工作角色的思想转变，首先确保运营安全，其次保证客运服务，最后确保其他临时工作，主要包括人员组织、票务组织、客运组织、行车组织、安全管理及应急处理和工程问题整改跟进等。

人员组织包括车站人员、站台人员、各部门车站值守人员、支援人员、保障管理人员。以上人员要合理进行组织、分配、管理。

票务组织是指车站开通后，各站视客流变化情况，提前做好售卖预制票安排，并随时关注自动售检票设备运行状态，做好故障处理和补票、补币事宜。

客运组织是指车站开通后，适时关注车站客流变化趋势，及时按有关客流组织预案做好大客流组织工作，必要时，可关闭部分出入口，并妥善处理乘客纠纷和乘客投诉事件。支援人员在接到增援通知后，应第一时间赶赴支援车站，根据站长或值班站长安排，投入车站客运组织工作。

行车组织是指车站开通后，联锁站人员密切监控信号系统工作站运行状态，发现异常情况及时汇报，并按有关预案程序迅速、妥当处理。同时，密切留意列车停站时间和站台客流情况，做好乘客上下车疏导，妥善处理屏蔽门、车门故障，避免人为原因造成晚点。

安全管理及应急处理是车站人员加强对车控室设备状态的监视，加大车站巡视力度，重点做好对出入口楼扶梯和公共区设备设施的巡查，及时发现设备不良状态和客伤等异常情况。车站可能出现的应急事件包括屏蔽门故障、车门故障、夹人夹物、售检票设备故障、信号系统故障等，车站人员应及时汇报并按有关程序和预案妥善处理。联锁站人员密切关注列车运行情况，随时做好人工进路的准备工作。

工程问题整改跟进是指各站人员重点跟进与运营相关设备设施的工程问题整改情况，认真查找、反馈存在的问题，积极与责任单位、人员协调整改，并监督、落实整改工作。

任务二　城市轨道交通车站行车业务

一、车站综合控制室

1. 车站综合控制室的功能和布置

车站综合控制室是车站行车、客运、票务、施工、消防等日常业务的管理和指挥中心，是车站信息的集散中心，接收来自运营控制中心的指令并准确执行，同时也收集车站运作信息并上报运营控制中心，同时还与相邻车站互通信息。

车站综合控制室也是车站行车组织控制的重要场所，室内主要有联锁终端操作设备、综合监控系统、防灾报警系统、给排水/消防操作系统、通信系统等，实现车站设备的监督和操作控制。职守车站综合控制室的岗位人员是行车值班员，负责监控列车运行和行车安全的工作。

车站综合控制室是轨道交通各系统设备的集中设置地，面积以不小于 45 m² 为宜，设置于车站站厅设备区靠近公共区一侧，室内设置防静电地板。为了能够直接观察和了解车站公共区运作状况，车站综合控制室设置面向公共区的观察窗（见图 5-2-1），行车值班员可以直

图 5-2-1　车站综合控制室布局

接观察到站厅情况。车站综合控制室分为两个区域：等候区和办公区。车站施工作业手续主要在车站综合控制室行车值班员处办理，外来人员需在等候区办理相关手续或等候，确保办公区行车设备运作安全，防止人为恶意或误操作。

车站综合控制室内的设备有：综合后备盘（简称 MCP 盘），以及综合监控、信号系统的终端操作设备等（见图 5-2-2）。相关人员可以通过设置在车站综合控制室的各系统终端设备操作或监控该系统运作。

图 5-2-2　车站综合控制室设备布置

车站综合后备盘是车站综合控制室中最重要的一个集成设备，主要用于各相关设备系统由于故障或事故自动操作失效情况下的应急操作。综合后备盘的集成设备系统包括环境控制系统、垂直电梯、自动扶梯、安防系统、给排水系统、照明系统、屏蔽门、自动售检票系统、信号系统等。

综合监控系统监控范围包括环境控制系统、防灾报警系统、乘客资讯系统、垂直电梯、自动扶梯、自动售检票系统、后备电源等。行车值班员可以通过综合监控系统终端操作或监控相关系统的工作状态，在发生设备故障报警时，终端设备及时弹出相关信息（见图 5-2-3）。

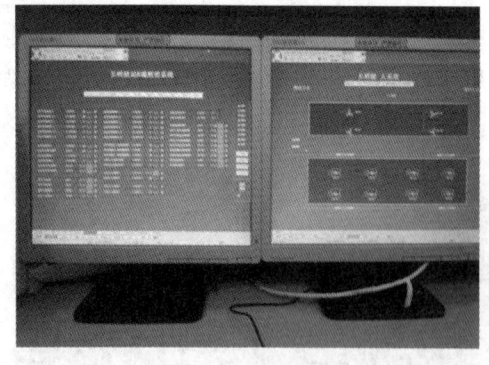 

图 5-2-3　综合监控系统

联锁终端操作设备是信号系统的车站级监控操作终端，仅设置在联锁站，可对联锁范围内车站的道岔、信号机、联锁设备等实现监控，实现列车运行进路的排列和取消（见图 5-2-4）。

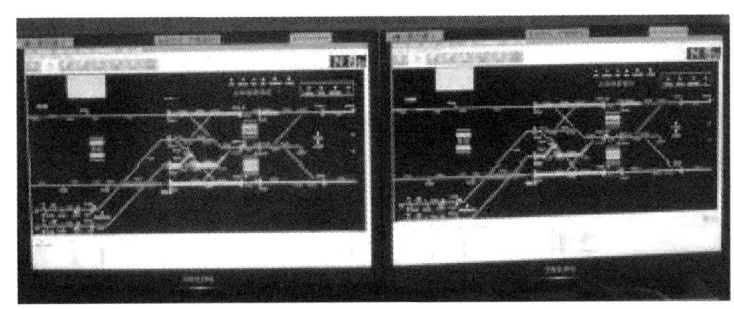

图 5-2-4 联锁终端

2. 行车凭证及行车报表

为了确保行车安全，防止列车在区间发生正面冲突或追尾等事故，在同一时间同一区间内只能有一列列车运行，这种为保证行车安全，通过设备或人工控制，使连续出发列车保持一定空间间隔距离的行车为行车凭证。其特征是：把站间区间划分为若干个闭塞分区，有分区占用检查设备，列车凭行车凭证进入区间。行车凭证是列车占有区间或闭塞分区的凭据，是保证接发列车作业安全的前提和基础，更是接发列车作业中最关键的环节之一。

调度命令的传达流程是行调向列车司机发布命令时，口头命令由行调直接传达给司机；列车在正线时，书面命令由车站值班站长负责传达，车站负责传达给司机或其他有关人员时，书面命令应盖有车站行车专用章。同时向几个受令人发布调度命令时，行调应指定其中一人复诵，其他人核对，确保无误，口头命令及书面命令均须在《调度命令登记簿》内填写。发布传真书面调度命令后，应及时将传真书面命令按照命令号顺序装订成册，做到不遗漏、不颠倒顺序。

采用电话闭塞法时，路票就是列车占用区间的行车凭证。发车站接到接车站闭塞承认的电话记录号后，填写路票交给司机，司机确认路票正确后凭车站发车指示信号开车，列车凭路票占用闭塞区间。路票的样式见图 5-2-5，路票主要有 6 个要素，分别为电话记录号码、车次、列车运行方向、车站行车专用章、车站值班员签名、日期。路票必须按顺序逐张使用，路票由行车值班员亲自签发，并对路票的电话记录号码、车次、方向、车站行车专用章、日期、当班行车值班员姓名进行确认。路票作为行车凭证，不得随意涂写、撕毁，作废路票需写明作废原因，并连同废票一起交接备案保管。车站必须设专人负责路票的核对、保管和领取，对使用过的路票由行车值班员注销后，仍需按上、下行线分开存放，保管至有效期到期。路票必须填写的内容有：电话记录号码、车次、当班行车值班员的签名及时间。电话记录以每站一组 100 个号码，自每日 0 时起至 24 时止，按日循环编号；相邻车站不能使用相同号码；每个号码在一次循环中只准使用一次，号码一经发出无论生效与否，均不得重复使用。

图 5-2-5 路票

行车报表包括调度命令登记簿，行车日志，车站施工登记本，车站设备、设施故障登记本。

调度命令登记簿是行调发布有命令号码的书面或口头调度命令，这些调度命令须在调度命令登记簿上填记（见表 5-2-1）。

表 5-2-1　调度命令登记簿

编号：

日期	命令				复诵人姓名	接收命令人姓名	行调姓名	阅读时刻（签名）
	发令时间	命令号码	受令及抄知处所	内容				

在正常情况下，车站无须记录列车在车站的到发时间。以下情况下需要填写行车日志，记录列车在本站的到发时间，以及前方站的发出时间和后方站的到达时间。列车在非折返站停站超过 90 s 时，行车值班员须向行调报点并说明原因，同时填写行车日志；当发生意外事件时，向行调请示，经同意后暂不报点，但仍要填写行车日志并记录清楚。列车自动监控系统故障初期（30 min 以内），车站须在行车日志记录各次列车的到发时刻；故障发生 30 min 后，各联锁站须向行调报点，行调应视情况以联锁站为单元铺画列车运行图，以掌握和控制列车运行间隔。当列车自动监控系统不能监控到工程列车的运行位置时，各车站要向行调报点，并填写行车日志。计算机联锁系统故障采用站间电话行车法行车时，故障联锁区各站要向行调报点，并填写行车日志。

车站施工登记本是行车值班员填写的施工登记本，要求严格填写，施工负责人签字后方可实施施工。

车站设备、设施故障登记本是由行车值班员负责填写车站设备、设施故障的登记本，并严格追踪跟进填写的故障，如在当班时间未完成，则在交接班时重点交接，直到处理完毕（见表 5-2-2）。

表 5-2-2　车站设备、设施故障登记本

编号：

日期	时间	报告人	故障内容	接收报告人	维修号	开始维修时间	修复时间	故障处理结果	维修人	车站确认人	备注

3. 管理要求

运营单位各部门、车间（室）、班组的全部经济活动、生产（工作）活动（包括人、财、物、运营）及其各种变化，都要建立原始记录。一切未经相关业务管理部门审核、备案、编号的统计原始记录、台账不得执行。

行车凭证和行车报表由当班岗位人员填写，要及时记录，不得事后补记。填报要准确、按时、连续、项目齐全，填写字迹要清晰、不缺不漏、传递及时，账、物、卡记录一致。

行车凭证和行车报表每月整理一次，分时间、分类别装订成册，并编号。行车凭证和行车报表的保存期为两年。保存期满，由使用部门上报主管部门同意后方可销毁。销毁措施应按保密制度执行，不得擅自处理。

二、车站行车作业程序

1. 正常情况下的行车组织

正常情况下，正线行车组织实行中央级控制，各联锁站行车值班员可通过联锁终端操作设备对本联锁区列车运行状态进行监控，车站原则上不进行接发列车作业。

行车值班员根据列车到发情况，播放到站、关门以及安全提示广播，做好乘客服务，并通过电视监控系统监视列车、屏蔽门开关门状态，以及乘客上、下车情况，确保乘客安全。

在列车进站时，车站行车值班员及站台工作人员监视列车的运行状态，注意站台乘客动态，发现危及行车安全时立即按压紧急停车按钮或显示停车手信号。

当信号系统操作权下放给车站控制，车站行车值班员在联锁终端操作设备上排列列车进路。开行装载有长大、集重货物的工程列车时，车站须派员工在站监督运行，发现危及行车安全时，应立即显示紧急停车信号，并及时上报。

2. 非正常情况下的行车组织

（1）信号系统故障。

当列车自动监控系统设备发生故障时，行调使用中央联锁工作站监视全线列车运行状态；行调须授权给联锁站控制；联锁站值班员在联锁终端操作设备上排列进路，并加强监控；各联锁站向行调报告各次列车的到、开点，行调以联锁站为单位铺画列车实际运行图，至行调收回控制权时止；当信号系统不能自动设置运营停车点或运营停车点无故取消时，行调应及时命令司机以人工驾驶模式进站。

当列车自动防护系统轨旁设备故障范围较大，由主任调度员决定列车在该区段是否采取站间电话行车法组织行车；当列车自动防护系统车载设备故障，不能修复时，由行调命令司机和车站，安排列车引导员（一般由取得相应资格证的值班站长担任）上驾驶室添乘，沿途协助司机瞭望，监控速度表，列车按规定速度运行，不准超速，运行到前方终点站退出服务。如遇到超速时，提醒司机控制速度，必要时，立即按压紧急停车按钮；应严密监控列车自动防护系统车载设备故障列车的运行情况，确保与前方列车至少有一个区间线路空闲，前方车因故停车时，应采取措施保证安全间隔。

一个或多个联锁区计算机联锁系统故障时，由主任调度员决定采用电话闭塞法组织行车。

（2）电话闭塞法。

当信号系统故障，需要采取电话闭塞法时，由主任调度员决定。车站按行调指令实施人工排列进路作业。

接、发车相关规定：采用电话闭塞法行车的各车站不得办理通过列车；接车站行值确认站内接车线路及区间空闲，办理好接车进路后向发车站给出电话记录号码，同意接车；发车站行值接到前方接车站同意接车的电话记录号码，确认发车进路准备妥当后，指示站台接发车人员填写路票并交给司机；司机确认路票正确后，依次关闭好屏蔽门、车门后发车；列车停稳后，接发车人员向司机收回路票并及时打"×"作废，路票须保存1个月备查；在执行电话闭塞法行车时，当信号系统恢复正常或客车进入正常联锁区后，客车恢复正常运行后报行调，司机在前方站交回路票。

人工办理进路相关规定：人员进入轨行区必须请示行调并得到行调许可；车控室值班人员应向准备进路人员清晰地布置任务；人工准备进路须不少于2人，其中一人岗位职务必须是车站值班员及以上，另一人岗位职务必须是站务员及以上，准备进路人员须携带信号灯、手摇把、钥匙、钩锁器、扳手、对讲设备（无线便携台）、手电筒，穿荧光衣、绝缘鞋，戴手套；现场确认道岔，需要转向时应一人操作，两人共同确认；确认道岔位置正确后，用钩锁器锁定；确认进路上各道岔的开通位置正确后，准备进路人员向车控室汇报，用对讲设备或轨旁电话联络；车控室接到进路准备好、线路出清（根据作业要求进入安全位置或回到站台）的报告后，指示接发列车人员接（发）列车。

（3）接发列车程序包括站间电话行车法接车和发车作业程序，如表5-2-3和表5-2-4所示。

表5-2-3 站间电话行车法发车作业程序

作业程序	作业标准		
	车控室	接发列车人员	准备进路人员
一、请求发车	根据《行车日志》确认区间空闲（首列列车须根据调度命令与行调共同确认区间空闲）	携带路票、笔、红色信号灯（旗）到站台头端墙屏蔽门端门外方待命	携带相关备品在指定位置待命
	向前方站请求发车："×线×次请求发车"，并听取复诵		
	接收前方站发出的电话记录号："同意×线×次发车，电话记录××号"，并复诵。填写《行车日志》		
二、准备进路	指示准备进路人员："准备×线×次发车进路"		复诵："准备×线×次发车进路"
	复诵："×线×次发车进路准备好了（线路出清）"		将进路上的道岔及防护道岔开通正确位置并加锁。确认正确后出清线路，向车控室报告："×线×次发车进路准备好了（线路出清）"

续表

作业程序	作业标准		
	车控室	接发列车人员	准备进路人员
三、办理凭证及发车	指示接发列车人员："×线×次准备发车"，并听取复诵	复诵："×线×次准备发车"，填写路票，确认无误后交与司机，并汇报车控室	
	通过CCTV监视列车出发	车门、屏蔽门关好后，站台站务员向司机显示"好了"信号，监视列车出发	
四、报点及收点	向行调和前方站报点："×次×站×点×分开"，填写《行车日志》		
	听取前方站报点："×次×站×点×分到"，并复诵，填写《行车日志》		

表 5-2-4 站间电话行车法接车作业程序

作业程序	作业标准		
	车控室	接发列车人员	准备进路人员
一、准备进路	听取后方站发车请求："×线×次请求发车"，并复诵	携带路票、笔、红色信号灯（旗）到站台头端墙屏蔽门端门外方待命	携带相关备品在指定位置待命
	根据《行车日志》确认区间及站内接车线路空闲（首列列车须根据调度命令与行调共同确认区间空闲）		
	指示准备进路人员："准备×线×次接车进路"，并听取复诵		复诵："准备×线×次接车进路"
	复诵："×线×次接车进路准备好了（线路出清）"		准备进路，确认正确后出清线路，报告车控室："×线×次接车进路准备好了（线路出清）"
	向后方站发出电话记录号码："同意×线×次发车，电话记录××号"，并听取复诵，填写《行车日志》		

续表

作业程序	作业标准		
	车控室	接发列车人员	准备进路人员
二、准备接车	听取后方站报点:"×次×站×点×分开",并复诵,填写《行车日志》		
	指示接发列车人员:"准备×线×次接车",并听取复诵	复诵:"准备×线×次接车"	
三、接车	通过CCTV监视列车到达	在站台头端端墙指定处显示停车信号,向司机收回路票,并打"×",同时报告车控室"路票收回"	
	列车停稳后向行调和后方站报点:"×次×站×点×分到",并听取复诵,填写《行车日志》		

（4）手摇道岔程序包括"看、开、摇、确认、加锁和汇报"。

看——人工准备进路人员查看道岔尖轨与基本轨之间，滑床板和辙叉心之间是否有异物；如有异物，则打开转辙机的盖孔板进行断电，然后将异物取出。查看有无障碍物侵限，如有侵限物品，则将障碍物清出轨道。查看道岔开通位置是否正确，尖轨与基本轨是否密贴，必须两人共同确认，若道岔开通位置正确，尖轨密贴，则进行断电，加锁。

左右位判断：站在两基本轨之间面对尖轨，若尖轨与基本轨分离在左侧，即该道岔开通左位；反之，则开通右位。

开——打开盖孔板（如转辙机处于通电状态，必须先切断转辙机电源）及钩锁器的锁，拆下钩锁器。

摇——将手摇把插入手摇把孔，道岔摇至所需位置，在听到"咔嚓"的落槽声后停止。如听不到落槽声时，则必须认真确认尖轨与基本轨之间的距离，当距离不超过2 mm时，视为尖轨密贴，道岔已摇至所需的位置。

确认——两人共同确认道岔开通位置和尖轨与基本轨密贴情况，严格执行"眼看、手指、口呼"确认制度。

加锁——确认正确后，用钩锁器锁定道岔尖轨，并将钩锁器加锁。钩锁器的位置必须在尖轨与基本轨的密贴处。

汇报——人工准备进路人员出清线路或到达安全避让点后，向车站控制室汇报道岔开通位置情况。汇报时，要说明该道岔号码、道岔开通的位置、是否加锁等。

任务三　城市轨道交通车站综合管理

轨道交通车站 24 h 运作，运营时间服务乘客，非运营时间对设备设施进行维护，因此，车站员工运作实施 24 h 倒班制。为了提高管理效率，优化人力资源管理，不同的岗位可根据具体情况做恰当的安排。

一、车站员工管理

1. 员工管理通用要求

工作纪律包括在工作时间和场所内按规定要求标准着装，佩戴员工卡；遵守公司劳动纪律，严禁迟到、早退、代打卡和无故旷工；工作期间，坚守岗位，严禁无故离岗、串岗、干私活、扎堆聊天，上班时间及班前 4 h 严禁饮酒；有急事需暂时离开时，须向上一级报告，经批准后方可离开。员工无故缺勤，或未履行请假手续，迟到或早退 1 h 以上的，均视作旷工；在上班时间内不得从事与工作无关的娱乐活动，不得阅读与工作无关的书刊或浏览与工作无关的网站。

着装标准包括穿着制服时，应衣装整洁，衣扣整齐，不歪戴帽，不戴显眼的饰物，不赤脚穿鞋。对已下班，但仍穿着制服的员工，其行为举止一律按上岗时的规定执行。

行为标准包括在岗时要精神饱满，举止大方，行为端正，站姿挺拔，双手不抱肩、插兜或背握；坐着时挺胸、直腰；不随意串岗，不在岗位上打盹等，不做与工作无关的事；塑造良好的服务形象，不留怪异发型，染显眼发色；男员工不留胡须，不留长头发、长指甲；女员工不准披发、染指甲等；生产岗位不准携带手机上岗；主动关心乘客，并协助有需要帮助的人士。

语言标准包括在岗时用语规范，应使用十字文明服务用语："您好、请、谢谢、对不起、再见"，并宜提供相应的语言——普通话、地方方言、英语为乘客服务；应根据乘客的不同身份使用恰当的称呼用语，如"先生、女士、小朋友、大爷、同志"等，不得使用"喂、嘿、那位"等不礼貌用语称呼乘客；使用人工广播或回答乘客问题时，应语调沉稳、圆润，语速适中，音量适宜，避免声音刺耳而使乘客惊慌；处理有关乘客问题时，公平、公正、合理，要热情、礼貌、耐心，杜绝"冷、硬、顶、训"现象；处理违章事时宜态度和蔼、得理让人，不得使用斗气、噎人、训斥、顶撞、过头及不在理、不礼貌的语言。

2. 员工排班管理

站长负责车站员工排班工作，以月为单位安排排班计划。在排班过程中，根据车站本月工作计划、员工休假需求以及上司临时交办的工作，统筹安排，做到工作负荷均匀，人员岗位工时满足标准工时要求。

车站排班原则包括根据本站客流规律与车站运作的实际，结合各岗位的工作特点，合理安排各岗位的上岗人数与工作时间，充分利用好车站的人力资源，达到"忙不缺、闲不多"的目标；员工排班应尽量均衡，无特殊情况，不允许出现集中上班、集中休息的现象，特殊情况下必须集中上班、休息时，至少要确保员工每周有 1~2 天的休息时间；车站在进行排班时，两个班次之间确保员工最少有 12 h 的休息时间；员工顶岗只允许高岗顶低岗，不许低岗顶高岗；因车站工作需要导致员工当月超过标准工作时间或不足标准工作时间的，应在 3 个月内进行调整（安排补休或补班）。

车站班制规定包括值班站长、值班员岗位采用"四班两运转"的班制轮换排班，其中值班员岗位若无特殊情况，要求客运值班员与行车值班员每两个班次实现一次岗位轮换，达到均衡工作量、培养员工全面发展的目的；站务员（售票员、厅巡）岗位一般采用"四天上班两天休息"的班制，按照长、短班搭配的方法进行轮换排班；备班人员一般采用"五天上班两天休息"的班制。

车站排班步骤是确定车站各岗位的轮换班制；按班制进行轮换排班；确定各岗位时段的工作内容；形成月度排班表。

3. 驻站人员管理

设备设施维修工班隶属运营维修部门，一般设置在其专业设备设施较集中的车站，兼顾一个区段，日常对专业设备设施进行维护保养，故障情况下进行抢修。工班办公场所在车站设备区，需服从车站整体管理。

为了方便公安干警开展工作，车站设置专门的警务室，一方面乘客可就近报警，另一方面车站有需要时也可就近联系到警务人员。

银行和商铺都通过招租进驻车站，为乘客提供便民服务，服从车站管理主要提供运输服务的主旨，在车站运营安全受到威胁或客运组织不畅时，银行、商铺都必须无条件执行车站指令，进行限制或停止营业。

车站与驻站部门之间应建立良好的合作关系，定期组织召开协商会议，共同商讨车站综合管理方面存在的问题。车站成立以站长为组长，与车站接口的相关单位负责人为组员的综合治理小组（简称综治小组）。综治小组每月至少组织一次会议，协调车站相关工作。站长负责与综治小组成员沟通协调，并定期组织综治小组成员学习车站应急处理程序，按规定对驻站人员进行安全管理及行为约束；站长、值班站长可调动驻站设备维修人员、地铁公安、商铺人员参与车站客运组织和应急处理。

二、车站培训与演练

车站培训突出的特点就是面向具体的岗位人员，按岗位需要培养和提高员工的能力，从实际出发，面向生产，强调针对性、实用性，注重实效（见图 5-3-1）。车站培训工作由站长负责组织实施，根据部门关于培训的工作要求，建立一套完整的培训制度，对班组培训的重点内容、培训方式、培训周期、培训考核等做出规定。

车站日常培训由当班值班站长负责组织实施，根据性质不同，车站培训可分为新业务培训、重温培训；根据内容不同，分为安全培训、规章文本培训、设备培训；根据方式不同，分为理论培训、操作培训；根据培训对象不同，又可分为岗前培训、岗上培训。

图 5-3-1　车站培训

1. **车站培训主要形式**

车站培训主要形式包括师徒教学、岗位练兵、案例教学、一事一训以及"学标、对标、达标"训练。

师徒教学这种传统的培训方式，是提高员工技术业务水平最简单、最有效的方法。其主要优点是在班组里不脱产地进行，在生产实际中培养员工的技能技巧。

岗位练兵遵循"按需施教"的原则，干什么学什么，缺什么补什么，使每个员工都能达到"上标准岗，干标准活，交标准班"的要求。一般采用"能者为师，互教互学"的方式，紧密结合生产实际，组织单项技术表演、举办专题技术讲座或采取每日一题、每周一题、每月考核等形式。

案例教学是从生产实践中选择适合本班组需要的安全生产的关键问题对员工进行案例剖析、讲解，使员工获得理论知识和实践经验。其特点：一是更有直观性、明显性，员工易学易懂；二是更有实用性、教育性，员工不仅学到了经验，而且受到了教育，增强了安全意识和质量意识；三是对操作要领、操作方法加深理性认识，从而提高处理应急事件的能力。

一事一训以单项知识（技能）的传授为主，由站长或值班站长在现场给员工边讲授、边演示，使员工掌握该项知识技能。"学标、对标、达标"是车站开展全员培训的主要形式，是安全生产标本兼治的有效措施。第一，班组组织员工学习好本岗位应知应会知识，以及处理安全事故措施，非常情况下应急处理办法；第二，认真执行单位和车间制订的培训计划，坚持班组的学习制度、注重实效；第三，严格执行有关奖惩制度。对于不达标的员工，要利用各种形式组织反复学、反复练，直至达标为止。

2. **车站培训台账**

车站培训台账包括员工业务情况抽问本、安全教育卡等。

员工业务情况抽问本是为了检验车站日常培训效果，站长或值班站长对规定的业务内容进行抽问，并对抽问情况打分，填写台账，对不合格的人员持续跟进，直到掌握相关内容为止。

安全教育卡包括岗前安全教育卡、员工三级安全教育卡、员工调岗、复工安全教育卡，记录员工所接受的安全培训，判别是否具备所担任岗位的安全要求。车站须建立健全相应教育卡，妥善保管，以备上级部门查验。安全教育卡随员工岗位调整而不断更新，并跟随员工调入、调出。

3. 车站演练组织与管理

为提高车站员工应急处理能力，及时处理车站突发事件，车站必须加强日常演练。车站每年必须进行的演练项目包括毒气袭击演练、道岔故障演练、接到炸弹恐吓电话演练、大客流演练、发现可疑人员及物品演练、垂直电梯故障困人演练、列车车门故障演练、电话闭塞法演练、站厅/站台火灾演练、屏蔽门故障处理演练、自动售票机故障演练、车站进/出站闸机故障演练、电扶梯群伤事故演练、水淹出入口演练等。

车站演练根据演练的组织形式，分为运营演练、桌面演练、模拟跑位演练、突发演练；根据演练组织级别及参与部门的不同，又可分为公司级、部门级、车间级、车站级等。

运营演练是指在模拟事故、事件情景或真实设置故障的情况下，在生产场所组织演练人员操作救援设备，按应急预案程序开展的救援模拟行动。

桌面演练是指在模拟事故、事件情景的情况下，在非生产场所组织演练人员采用口述对话、模拟操作设备等形式，按应急预案程序开展的救援模拟行动。

模拟跑位演练是指在模拟事故、事件情景的情况下，在生产场所组织演练人员按应急预案程序规定的职责，需模拟操作设备的救援模拟行动。

突发演练是指采取在被考验者完全不知道时间、地点和内容的前提下，组织者突发性地虚拟事件、事故、设备故障或真实设置故障的情况下，在生产场所组织演练人员操作救援设备，按应急预案程序开展的救援模拟行动（见图5-3-2）。

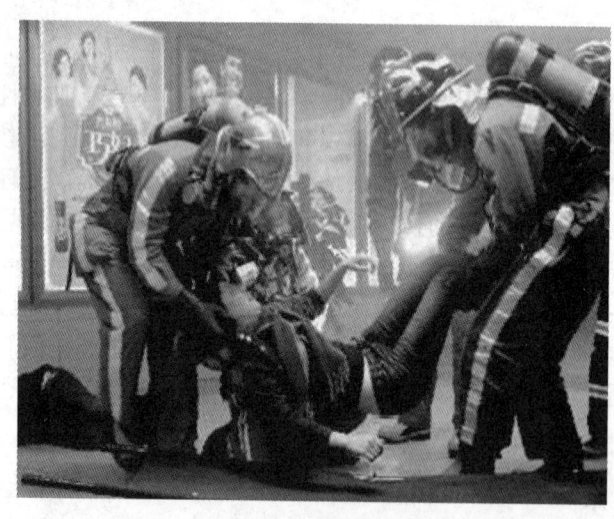

图 5-3-2　突发演练

三、车站物资备品管理

因车站业务特点，车站物资备品具有种类繁多、用途广泛、形式多样等特点，有用于行车业务的、票务业务的、客运业务的，还有用于综合治理的等。为了方便管理，便于日常和紧急情况下的使用，车站物资备品必须建账立册，专人管理。

1. **车站物资备品种类**

从管理的需求来分,车站物资备品可分为在用物资备品和库存物资备品。

车站在用物资备品是指已经投入使用的物资备品,如工器具、抢险物资和劳保用品等。

车站库存物资备品是指暂未投入使用,存放于库房的物资备品,存在随时投入使用的可能,如消耗材料、备品备件等。

2. **车站物资备品保管**

原则上,车站物资备品由当班值班站长负责管理,车站指定一名兼职材料员,定期检查、核对车站物资备品管理情况,发现问题,及时提出或改进。

物资备品入库是根据车站运作需求及配备标准,车站从物资部门领取物资备品,以物资部门的物资出库单作为车站入库记账凭证,在《库存物资台账明细表》中做好登记、填制物料管制卡,同时做好物资的标识及上架工作。

物资备品存放是车站物资备品统一存放于车站备品间。在用物资备品和库存物资备品应分别做好标识,分开存放,采取与其属性相适应的管理措施,并注意防火、防潮、防虫、防盗,加强检查。

公用工器具、公用劳保用品和抢险物资的项目和数量具有相对稳定性,不得混放,按维修要求统一存放在指定地点,按规定填写相应的《在用工器具表》《公用劳保用品明细表》和《抢险物资明细表》,贴于货柜或货架上,并定期按标准进行检查、核对。

车站库存物资备品应按规定办理入、出、存手续,并建立相应的台账,同时定期进行盘点,做到标准(或实际需要)、清单和实物相一致。各类统计表需记录每笔入、出账,作为账务数据追溯的主要依据;加强单据管理,严格实行分类登记、存放,做好单据归档工作。各类原始账务单据必须由责任人妥善保管,作为查账凭证。

车站物资备品损坏报废时,做好相关记录,定期报部门专职设备管理员,按其指示送至指定地点。

3. **行车备品种类及管理**

车站行车备品种类包括劳动保护用品,即安全帽、荧光衣、手电筒、臂章等;专用器具,即钩锁器、手摇把、信号灯、红闪灯等。

车站行车备品的存放包括行车备品的存放做到整齐、有序、安全和易于寻找,摆放的地方做到干净、清爽;行车公用物品,统一存放,且要存放合理,不准乱堆、乱放。个人用品放进个人专用柜子;行车备品柜摆放在车控室,位置以不影响整个车控室美观为准。行车备品柜要有统一标识,柜子左门内侧上方贴上备品目录表,标明备品名称、数量和负责人,柜内物品要摆放整齐有序。

行车备品的使用包括正确穿戴劳动保护用品;带电备品(如红闪灯)按照其说明提示使用。充电时应在指定位置进行,摆放整齐,充完电后立即收起放回备品柜;使用行车备品过程中,要珍惜爱护,不得随意乱扔,不得损坏。行车备品的维护保养:所有行车备品都需要注意日常维护保养,铁器备品防止生锈,发现生锈现象应立即打磨,加油保养;带电备品应经常保持有电,负责人每周检查一次;不常用的备品,车站应定期盘查清点,防止出现发霉、生锈、损坏等情况。每班交接班时应进行行车备品的交接，检查数量、性能及状态。

习 题

1. 城市轨道交通的主要形式及其特征是什么？
2. 城市轨道交通车站的主要设备系统及其主要作用是什么？
3. 城市轨道交通运营管理模式分类是什么？
4. 城市轨道交通车站管理内容有哪些？
5. 车站各岗位的工作职责分工是什么？
6. 新线工程介入内容有哪些？
7. 新线进驻期间基础工作有哪些？
8. 车站开通运营的保障及准备工作有哪些？
9. 三权移交的含义是什么？
10. 车站行车设备的含义及作用是什么？
11. 车站行车作业程序是什么？
12. 行车备品交接的原则是什么？
13. 车站培训的形式和内容有哪些？

参考文献

[1] 北京市地下铁道设计研究所. 世界城市地铁与轻轨最新动态[M]. 北京：中国铁道出版社，2001.
[2] 张唯. 铁道运输设备[M]. 北京：中国铁道出版社，2002.
[3] 曾青中，韩增盛. 城市轨道交通车辆[M]. 成都：西南交通大学出版社，2006.
[4] 王伯铭. 城市轨道交通车辆工程[M]. 成都：西南交通大学出版社，2007.
[5] 林瑜筠. 城市轨道交通运输设备[M]. 北京：中国铁道出版社，2008.
[6] 林祝顺，阎国强. 城市轨道交通系统[M]. 上海：上海科学技术出版社，2008.
[7] 刘晓娟. 城市轨道交通智能控制系统[M]. 北京：中国铁道出版社，2008.
[8] 安宁. 城市轨道交通智能控制系统[M]. 北京：人民交通出版社，2009.
[9] 周顺华. 城市轨道交通设备系统[M]. 北京：人民交通出版社，2009.
[10] 广州市地下铁道总公司. 城市轨道交通概论[M]. 北京：中国劳动社会保障出版社，2009.
[11] 上海申通地铁集团有限公司轨道交通培训中心. 城市轨道交通概论[M]. 北京：中国铁道出版社，2009.
[12] 阎国强，仇海兵. 城市轨道交通概论[M]. 北京：人民交通出版社，2010.
[13] 张莹，陶艳. 城市轨道交通供电技术[M]. 北京：人民交通出版社，2010.
[14] 仇海兵. 城市轨道交通车站设备[M]. 北京：人民交通出版社，2011.
[15] 方宇. 城市轨道交通车辆概论[M]. 北京：中国铁道出版社，2012.
[16] 费安萍. 城市轨道交通场站设备[M]. 北京：中国铁道出版社，2015.